孫子が話す

世界一わかりやすい「孫子の兵法」

長尾 剛

PHP文庫

○本表紙図柄＝ロゼッタ・ストーン（大英博物館蔵）
○本表紙デザイン＋紋章＝上田晃郷

前書き

本書は、中国古典『孫子』を、現代日本語の読み物にアレンジしたものです。

原文は、各章が「孫子、曰《いわく》（孫子が、こう述べた）」で始まり、孫子の言葉の筆記録の体裁で書かれています。そこで本書は、ここからイメージを膨らませ、「現代によみがえった孫子が講演する」という形でのアレンジを、試みました。内容は、もちろん原文の翻訳です。が、筆者なりに、より面白い読み物に仕立てることを目指して、色々と表現に工夫をほどこしています。

各章の末尾では、現代生活に「孫子の兵法」を生かす提案を示しています。この部分は筆者のオリジナルですが、読者の方に共感いただければ、幸いです。

本書は、筆者の「話し言葉で読める古典」シリーズの一冊として位置づけられるものです。どうか読者の方は、こうした点をご了承のうえ、お楽しみ下さい。

平成十九年春

長尾剛

世界一わかりやすい「孫子の兵法」目次

序章

人生の意味

【前口上】

エーッ……。

本日のお集まり、まことにありがとうございます。

本日は、ここ『PHP文庫誌上・公会堂』におきまして、孫子先生をお迎えし、その素晴らしい兵法をレクチャーいただきます。

題しまして、『孫子先生、二千五百年の時空を超えて大いに語る。二十一世紀日本によみがえる孫子の兵法』。私は、本日のMCを務めさせていただく長尾でございます。

皆様、ご承知のとおり、孫子先生は人類史上最古にして最高の兵法家でありま
す。我が国におきましても、歴代の武士・軍人たちの多くが、先生の兵法を学び、
触発され、大いに活用して参りました。

それだけではありません。こんにち我々の暮らしの中にあっても、先生の兵法
は、生活やビジネスのさまざまなシーンをより良く乗り切るための格好のアドバイ
スとして、生かされること多大であります。

そこで、このたびは、我々スタッフ一同とくにお願いしまして、はるか二千五百
年の時を超えて先生にお越しいただいた次第です。先生の兵法を、我々現代日本人
に向けてあらためて発信し直していただこうと、それが、このたびのレクチャーの
コンセプトであります。

では、先生に、壇上へご登場願いましょう。皆様、盛大なる拍手をもって、お迎
え下さい。

（一同拍手）

「生きる」ということは「戦う」こと

（孫子、壇上に登場）

オホン。

アー、アー。テスッ、テスッ。どうじゃ、後ろのほうの席の方々、聞こえとるか。……ウム、よろしい。OKじゃな。

エーッ……、わしが、孫子じゃ。

本日は、わしの兵法を学ぶため、かくもお集まりとなり、まことに結構。ぜひともよくよく謹聴して、しっかりと収穫を得ていってほしい。わしとしても、それを大いに期待して、精いっぱい語るからの。

さて、我が兵法は、全部で十三の章立てとなっておる。第一章の「始計《しけい》」から始まって、以下「作戦」「謀攻《ぼうこう》」「軍形」「兵勢《へいせい》」「虚実」「軍争《ぐんそう》」「九変《きゅうへん》」「行軍《こうぐん》」「地形」「九地《きゅうち》」「火攻《かこう》」、そして最後に「用間《ようかん》」……と、これで全十三章じゃ。

それぞれが、前の章を踏まえて、より高度にステップ・アップしていっておるからの。諸君らは、第一章から順次、学んでいかねばならぬ。

途中で居眠りなどして、どこかの章をスッ飛ばしてしもうては、困るぞ。その後のレクチャーがよく呑み込めず、無駄になってしまうからの。努々《ゆめゆめ》気をつけなされ。

さて、兵法と言うからには、当然その意味するところは「戦争のやり方」じゃ。国家が他国と戦争をする際、いかにして勝つか。それを教えるのが、兵法の第一義じゃ。言うまでもないことじゃの。

さりながら、じゃ。我が兵法は、そこにとどまらぬ。人はいかに生きるが良いか。ふつうの人間の、ふつうの人生にあっても、じつに有意義なアドバイスを、多々含んでおる。だから諸君らは、我が兵法を人生の教訓として学ぶべく、こうして集《つど》ったわけじゃ。

ではまず、「戦争のやり方」を教える兵法が、なにゆえ人生の教訓となり得るのか。そこから、説いて進ぜよう。

そもそも、じゃ。我々の「人の世」とは、常にどのようにあるのか？　すなわち、人の世の姿・意味とは、ズバリ何かの？

言うまでもない。「人の世」が「人の世」たるための必要十分条件。すなわち、「人の世とは、こういうものだ」といった本質。それは「戦い」よ。

人の世の全て、あらゆる時と場所において、大小さまざまな戦いが繰り広げられておる。人は、常に戦っておる。人にとって「生きる」を言い換えるならば、まさに「戦う」ということなのじゃ。

では、あらためて「戦う」とはどういうことか。

それは、一つのゴール、一つの目的に向かって、「自分」と「自分以外の者」が競い合うということじゃ。

人は生きている日々の中で、さまざまな目的を自ら定め、ゴール地点を決める。そして、それに向かって日々を精進《しょうじん》する。頑張っていく。そこに〝生きる手ごたえ〟というものを感じる。

この日々の「目的」なり「ゴール地点」なりは、まさに大小さまざまよ。

たとえば、大好きな絵本を与えられたほんの小さな子供が、それを自分で読みたさに「文字を憶《おぼ》える」という目的を我が心に宿す。そして、親をつかまえては「これは何という字？　これは何て読むの？」と、しつこく聞いてくる。これもまた、子供にとっては日々の精進じゃ。

ビジネスマンなどは、まさに、日々を何らかの「目的」に向かって費《つい》やしておる。今かかえている仕事にケリをつける。参画している会社のプロジェクトを成功させる。さらに中には、「いつか独立して自分の会社を持とう」というデッカい目的を胸に秘め、日々それに向かってコツコツと努めている者も、あろう。

では、こうした「目的に向かって歩む」ということ全てが、すなわち「戦い」と呼べるのか？

呼べる。呼ばねばならぬ。

人は、独りでは生きておらぬ。自分がいる。そして他人がいる。生きることは、この「自分と他人」という〝人間どうしの関わり合い〟の中でしか成り立たぬ。そして、その関わり合いとは、まさしく競い合いなのじゃ。

競い合う以上は、自分と他人とのあいだで、必ず勝敗がある。どちらかが勝ち、どちらかが負ける。人にとって「目的を達する」とは、常に「戦って、相手に勝つ」という意味を含んでおる。

目的を達成した喜び、成功の喜びとは、常に「相手との戦いに勝った」という勝利の喜びなのじゃ。

そんなことばかりではなかろう、と？

人は、他人と競ったりせぬ〝純粋な自分だけの目的〟を持って、誰と戦うでもなく努力することもある、と？

ホォ。そんなふうに考えるお方も、この中にはおられるかの？

「自分との戦い」なんぞというヤツか。「自分の敵は、自分だ」などと、ちょっと聞いただけだと、なかなかカッコ良いフレーズじゃな。

間違いじゃ。

人の努力とは何であれ、突き詰めていけば「他人との戦いに勝つ」ことが目的なのじゃ。

先ほど示したビジネスマンの例で言えばじゃな、仕事には必ずノルマというものが、あろう。「何時《いつ》いつまでに終わらせる」あるいは「これだけの量を終わらせる」といった定めが、初手《しょて》から決められておる。

となれば、仕事とは〝そのノルマを定めた者との戦い〟なのじゃ。上役が「これだけやっておけ」と指示してきたからには、その仕事はまさに、その上役との戦いよ。ノルマをクリアして上役を納得させられれば、勝ち。上役を満足させられなければ負けじゃ。

それだけではない。

ノルマなんてのは、だいたいが、多くの〝他のビジネスマン〟のスキルの平均的なところで、与えられるものじゃ。すなわち「これくらいのノルマは〝ふつうの者〟なら出来るはずだ」といった判断で、決められる。

となれば、これは明らかに、「自分」と「他のふつうの者」との戦いになる。自分のノルマ達成が、平均以上のデキとなれば、勝ちじゃ。その逆ならば、負けじゃ。

幼い子供が字を憶える、といったことも、また然《しか》りじゃ。

この時、子供は誰と戦っておるのか。じつは、まさに今目の前で字を教えてくれている親と、戦っておるのよ。

親にしてみれば、子供に対して、心の内で「ウチの子は、これくらい教えれば、これくらい憶えるはずだ」といったイメージを持っておる。それで、思いどおりに憶えてくれんと、イライラし出す。

やがては子供に腹を立ててくる。こうなると、親子のあいだが気まずくなり、険悪となる。

逆に、じゃ。子供が予想以上に字をしっかりと憶えると、親というものは大喜びする。「ウチの子は、賢い」と、たちまちのうちに親バカぶりを発揮する。そうなれば、親子のあいだは、じつに睦《むつ》まじくなる。親は子を誉《ほ》めて、家庭の雰囲気は明るくなる。

子供にとっては、親の機嫌、家庭の雰囲気というヤツは、とてつもなく大切なものじゃ。つまり、親とのあいだが気まずくなることは、子供にとっては、とてつもない〝人生の失敗〟であり、「負け」なのじゃ。一方で、親の期待に見事に応《こた》えて親が上機嫌になってくれることは、子供にとっては「大勝利」を意味するのじゃ。解《わか》るかの？

人はこうして、誰もが常に戦っておるのよ。そして、戦いの相手とは、単純に「力をぶつけ合う敵」ばかりとは、限らぬ。自分の味方となっておる者も、それはそれで、一つの戦いの相手なのじゃ。

すなわち、じゃ。人間関係とは、愛情も友情も、ある意味で全て戦いなのじゃよ。

確実に勝つための兵法

あるいは、特定の個人ではない漠然とした存在。そんなモノと戦う場合だって、ある。それは、「平均点」とか「一般的能力」とか「社会常識」とかいった、世間に当たり前に認められている、それでいて実態はアヤフヤな、そんな厄介《やっかい》な相手なのじゃ。

だが、相手が誰であろうと、何であろうと、人は勝たねばならぬ。勝たねば、明日はない。人生は開けていかぬ。

では、どうすれば勝てるのか。

ただ〝強くなればよい〟のか。

そんな単純な話ではない。

人には、誰しも〝力の限界〟というのが、ある。そうである以上は、「相手の力が常に自分より劣《おと》っている」なんて、そんな都合のいい話ばかりのはずはない。いや、むしろ、互いの力の差なんて、ほんのわずかといった場合のほうが、多かろう。

すなわち、じゃ。人はたいてい〝確実に勝てるとは限らぬ相手〟と戦い、それでいて、確実に勝たねばならぬのよ。

そんなことが出来るかって？

出来る。

それが、我が兵法じゃ。

戦いの勝ち方とは、「ただ強くなればよい」などといった一言で片づくものではない。そんなバカげた単純至極《しごく》のシロモノではない。時と場合によって、相手の状態によって、相手と自分の関係によって、まさにケース・バイ・ケースで、勝ち方は変わってくる。我が兵法は、それを判然と整理して、誰にも伝授できるように仕上げたものじゃ。

ここまでは、よろしいな。

では次……と。戦争とは何か。この点を、あらためて説いて進ぜよう。

人の世におけるあらゆる「戦い」の中で、もっとも激しく、もっとも多くの人々を巻き込み、もっとも勝者と敗者の姿がクッキリ分かれるもの。それこそが、国家どうしの戦争じゃ。

戦争とは、まさに、人が織りなす戦いの、戦いたる本質・特徴を、もっとも如実に示した現象じゃ。戦いというもののあらゆる要素が、最大限に示される現象なのじゃ。

したがって、戦争の勝ち方を知れば、すなわち、人生のあらゆる戦いの勝ち方を知ることにつながる。あらゆる人間関係の成功につながる。

戦争の勝ち方とは、人が人生を成功させるための、ありとあらゆる方策に通ずるのじゃ。まさに、人生の普遍的アドバイスが、戦争の勝ち方から、学び取れるのよ。

すなわち、優れた兵法とは、人生のあらゆる場面に役に立つ。あらゆる人間関係に、応用が利く。誰にとっても、明日をより良く開いていくための指南書になる。

——というわけじゃ。

それこそ、我が兵法じゃ。

そこで、本日のレクチャーでは、説明の順序として、まずはオーソドックスに「戦争に勝つにはどうするか」を、説いて進ぜよう。その後で、そこから導き出せる人生のアドバイスを、解りやすく述べて進ぜる。

……とマァ、こうした二段構えのスタイルで進めていこうと、思っとる。

どなたも、よろしいかの?

それでは、始めるぞ。

第一章
始計

日々、心がけておくべき五つのこと

第一章、「始計《しけい》」じゃ。

「始計」とは、始めに計《はか》ること。すなわち、戦争を始めるにあたって、判断し、考えるべきことじゃ。

戦争。それは、国家にあって、もっとも大事な問題なのじゃ。

我々の人の世は、一つの国にまとまってはおらぬ。また、まとまるわけがない。歴史、民族、宗教……。決して交わり切らぬさまざまな違いがあって、それにより、国と国は、永遠にバラバラのままなのじゃ。

バラバラであるからには、国どうしの戦いといった現象は、常に起こっている。自国は他国と、常に関わり合っている。すなわち、競い合っている。戦い合っている。

その関わり合いは、さまざまな形を持つ。

貿易。ビジネスの協力。文化交流。政策の共同。イベントの共催。スポーツの競争。人材の交換。技術の開発競争。学問の伝授……。

そして、戦争じゃ。

戦争は、人の世にとって、決して〝特別で例外的なこと〟ではない。国と国とのさまざまな関わり合いのうちの、一つの形なのじゃ。となれば、いつ起こっても不思議はない。

そして、ひとたび起これば、これほど激しい戦いの形というものは、ない。

一つの戦争が、国そのものを丸ゴト、生かしもし、殺しもする。まさに国家の存亡を決める。

だから、国のリーダーたるもの、戦争という事態の発生は、常に念頭に置いておかねばならぬ。戦争に勝てぬ国は、この地球上に存在すること自体が、許されぬ。

くれぐれも、軽く考えてはならぬ。

戦争に勝つためには、国のリーダーが常に心がけておくべきことが、ある。ふだんからの心の準備じゃ。我が兵法では、それを五つの要素に整理する。

そして、いざ戦争が始まったならば、自国と敵国とで、直接ぶつかる前に比べておかねばならない比較のポイントが、ある。我が兵法では、これを七つに分けて示す。

これをして「五事七計《ごじしちけい》」と、我が兵法では呼んでおる。

まずは、ふだんの心がけたる五つの要素を、述べていこう。

こういったものは、いつでもパッと思い出せるように、特徴をよく示した端的な言葉で、憶《おぼ》えておくがよい。すなわち、キーワードじゃ。ここでは、五つの文字をキーワードとして示す。

すなわち、「道《どう》」「天《てん》」「地《ち》」「将《しょう》」「法《ほう》」じゃ。

では、一つずつ説明していくぞ。

まずは「道」。これすなわち、政治。ふだんの国のまとめ方の心構えじゃ。

民《たみ》なくして、国家なし。国とは、数多くの一般国民によって成り立っておる。たとえ一人ひとりの力は小さくとも、それが集まって大きな力となり、国を支えているのじゃ。国とは、決して、ごく一部の支配者層だけで形作られとるものではない。

したがって、いざ戦争となれば、その戦いを支える力は、国民の力そのものなのじゃ。戦争に勝つためには、何よりも国民の力を、結集させねばならぬ。

だが、ここで、「国民の力とは何か」を勘違いしとる国のリーダーが、じつに多い。

国民の力を集めるとは、ただ単純に「その能力を集める」ということではない。集めるべきは、国民の心。意志の力じゃ。

戦争となれば、現実に命を失うリスクがある。命は、誰にとっても大切なもの。そのリスクを覚悟してでも戦争に挑《いど》もうと、国民一人ひとりに決心してもらわねば、ならぬ。

そのためには、ふだん、いかにその国の政治が国民のためになり、国民に喜ばれておるか。そこが、決め手となる。

この国のふだんの生活を失いたくない。この国をそのままに、自分の子供たち孫たちに残してやりたい。

――と、国民の一人ひとりがそう思える政治が、ふだんから行われておらねばならぬ。そうして、国民一人ひとりに、そういった自らの意志で戦争に挑む気概を、持ってもらわねばならぬ。

国民は、国のリーダーのために戦うのではない。自分と自分の家族、自分の子孫のために戦うのじゃ。

その気概あって初めて、国のリーダーと国民の力が結束する。「生きるも死ぬも一緒だ」と、皆の心が一つになる。

ふだん、真に〝国民のための政治〟が行われていること。これが、戦争に勝つための第一の条件じゃ。

第二は「天」。これすなわち、刻々変わる自然の現象じゃ。

戦争をする時。せねばならぬ時。その時の天候は、晴か雨か。気温は、暑いか寒いか。そして、その時は朝なのか、昼なのか、夜なのか。

戦争は、人間のすることじゃ。そして、人間の心と身体《からだ》は、周囲の自然現象によって大いに影響される。天気一つの違いで、同じ人間でも活発に動けたり、まるで動けなかったりする。精神的にも肉体的にも、この差は大きい。

したがって、自然現象の変化というものを、戦争では常に気にとめねばならぬ。一度決めた計画やミッションでも、天候の予想外の変化があれば土壇場で中止するくらいの覚悟を、国のリーダーは心得ておかねばならぬ。

第三が「地」。これすなわち、戦争をする場所の地勢、状況じゃ。

戦争は、整備されたフィールドで行われるスポーツとは違う。いざとなれば、どんな場所でも戦わねばならぬ。戦地に、選《え》り好《ごの》みは出来ぬ。

遠い所か、近い所か。険《けわ》しく動きにくい所か、動き易《やす》い平地か。広いのか、狭いのか。そして、そうした土地の特徴が、自軍に有利に働くのか、不利になってしまうのか。

こうした問題点を、国のリーダーは常に頭に入れておかねばならぬ。そうすれば、いざ戦争に突入した時、迅速な判断が出来る。軍を的確に動かし、配置することが出来るのじゃ。

第四が「将」。これすなわち、軍の指揮官の資質、能力じゃ。

実際に戦いの現場で軍を動かすのは、ふだん国を治めているリーダーではない。軍には軍の、指揮官がおる。いわば〝現場監督〟の任にあたる者が、おる。この人材に能力がなければ、ふだんどれほど訓練の行き届いた軍といえども、実際の戦いで十分な力を出せぬ。現場を任せるべき指揮官については、くれぐれも、その資質をふだんから見極めておかねばならぬ。

その能力とは、何か。

一つには、刻々と変わる戦況に合わせた臨機応変の判断力。

二つには、自分の功ばかりを求めず、兵士たちのため、国のために戦う信頼性。

三つには、決して味方を裏切らぬ仁義の心。

四つには、必要な時はリスクを冒してでも行動する勇気。

五つには、戦いを中途半端で投げ出したりせぬ責任感じゃ。

これらの資質、能力をよく持つ者を、ふだんから軍の指揮官として置き、厚遇しておくことが、国のリーダーのふだんの務めなのじゃ。

そして、第五が「法」。これすなわち、軍のふだんの組織編成や服務規定。さらに、装備といったものじゃ。

これらで重要な点は、形ばかりにとらわれないこと。そして、漠然としたもので済ませず、具体的であることじゃ。

組織の編成や装備というヤツは、「体裁は良かったが、いざ現実に生かそうとしたら甚《はなは》だ不手際《ふてぎわ》なものだった」というパターンが、意外と多い。これらを決める際には、よくよく想像力を働かせて、「実際に戦争になったら本当に必要なものは何か」を、見極めねばならぬ。

また、さまざまな規則を決めるにしても、「手柄を立てたら褒美《ほうび》をやる」あるいは「規則に反したら罰を科す」といったような、漠然としたものだけで済ませてはならぬ。

どんな手柄を立てたら、どんな褒美をどれくらいやるのか。どんな違反をすると、どんな罰を受けるのか。具体的にキチッとした取り決めがなければならぬ。

そうでないと、当事者というものは必ず、自分に都合のよいように勝手な解釈をする。「これだけ手柄を立てたんだから、もっと褒美をもらえるはずだ」とか、「この程度の違反でここまで厳しい罰は、酷《ひど》すぎる」とか、たいてい不満を持つ。

当然、モメ事の元となる。そして、そうしたモメ事が、さらに不満を増大させる。不満は、積もり積もっていく。いつしか軍の士気は落ち、兵士はやる気を失っていく。

だから、規則というものは、誰が見ても自分勝手な解釈の入り込む余地のないよう、徹底した明瞭さを備えるべきなのじゃ。そして、常に公正でなければならぬ。

……と、マァ、以上が、ふだん国のリーダーの心がけるべき五つの要素じゃ。

なに？　聞いてみれば、当たり前のことばかりじゃと？

そのとおり。あらためて聞けば、誰しもたいてい解《わか》っているようなことばかりじゃろう。少なくとも、「これまで思いもよらなかった」なんて新奇の話ではなかったはずじゃ。

ところが、この五つの要素。本当に心の底から理解し切っている国のリーダーというのは、そうはいないものじゃよ。人間、当たり前と思われることほど、おろそかにしがちじゃ。

敵と比べるべき七つのポイント

では、次。いざ戦争となった時に、敵国と比べるべき七つの比較ポイントじゃ。この七つのポイントをしっかり比べ見極めることで、先の五つの要素も、より明確に見えてくる。他者と比べることは、「自分を知る」のに、たいへん有効な手段じゃ。

すなわち、

一、どちらの国のリーダーが、ふだんから国民に支持される政治を行っているか。

二、どちらの軍の指揮官が、有能か。

三、戦おうとする時の自然現象と地理的状況は、どちらに有利となりそうか。

四、軍の組織や規則は、どちらが、より現実的・具体的に出来ているか。

五、装備は、どちらの軍が充実しているか。

六、ふだんの訓練によって、どちらの兵士たちが鍛えられているか。

七、褒賞と処罰は、ふだんから、どちらの軍が厳格に、そして公正に行われているか。

この七つのポイントで、まず自国と他国を比べるがよい。これらを完璧《かんぺき》に比べられれば、戦う前に勝敗が解ってしまうくらい、戦争の行方《ゆくえ》が見えてくる。

この「五事七計」は、国のリーダーが常に心にとどめておくべき、まさに基本中の基本。我が兵法の原則じゃ。原則であるからには、絶対にゆるがせにせず、徹底せねばならぬ。

「五事七計」を徹底して守れる者がリーダーなら、わしは喜んで、その国の〝お抱え兵法家〟となって仕《つか》えよう。しかし、これを徹底せぬ愚か者がリーダーになっとる国ならば、わしは、幾らカネを積まれても、雇われるのはゴメンじゃな。なぜなら、戦争が起こった時、その国は必ず負けるからの。

そして、いよいよ実戦となった時、「戦いには、勢いが必要だ」と、よく言うじゃろう。「戦況というのは、勢いのあるほうに有利になる」と。

そのとおりじゃ。しかし、勢いというのは、偶然や運でどうこうなるものではない。あくまでも、勝つための合理的な努力の積み重ねで、生じるものじゃ。すなわち「五事七計」を、事前にきちんと出来る軍にこそ、勢いが生じるものよ。

策略とは演技である

さて、ここまでは、原則論。

次のステップとして、実際の戦闘にあって、勝利をより確実にするためには、敵を欺《あざむ》く策略を用いるが、よい。この「策略のポイント」は、言ってみれば、我が兵法・第一章の〝応用篇〟じゃ。

たとえば、こちらが何らかの戦法を用いている時、用いていながら、その戦法を用いていないかのように見せる。すなわち、一見すると「こちらはただ正面から攻めているだけ」のように、見せる。そうしておいて、じつは裏で、着々と何らかのミッションを進行させていく。

策略とは、すなわち、こういうものを言う。敵に、こちらの実際の状況を見誤らせること。これが、策略の本質じゃ。これが出来れば、敵を混乱させ、敵の実力を十分に発揮させずに戦いを進められるのじゃ。

こちらが近くにいるのに遠くにいるように、遠くにいるのに近くにいるように、見せる。これだけのことでも、戦況は確実にこちらに有利となる。

策略とは、言い換えるなら〝演技〟じゃ。たとえば、こちらの振る舞いによって、敵に「おっ、俺たちのほうが有利だぞ」と勘違いさせる。たとえば、占拠すれば有利となる丘などを、わざと、こちらの防備が手薄かのように見せる。

当然、敵はチャンスとばかりに、攻めてくる。つまりは、マンマと誘いに乗ってくる。そこを隠れ待ちかまえて、叩く。

または、こちらに弱点があるかのように見せる。すると敵は、調子づいて攻めてくる。ところが、現実には、こちらにそんな弱点はない。となれば、敵は「こんなはずはない！」と、混乱する。そこを叩く。

あるいは、わざと敵の前で、オドオドして見せる。臆病になっているかのように振る舞う。逃げる必要がない程度の敵の攻撃でも、わざと逃げて見せる。

すると敵は、「ハハァン。相手はだいぶ戦力が落ちているな」と、勘違いする。調子づいて、油断する。そうなればたいてい、何らかのミスをする。そこを容赦なく叩く。

こうした策略は、一度で一気に敵を全滅させるところまで行かぬでも、よいのじゃ。それによって、敵を疲れさせ、敵の戦力を少しずつ削り取っていくだけでも、十分に意味がある。そうした積み重ねが、ジワジワと敵を弱らせて、最後には、こちらの全面勝利へと結びついていくものじゃ。

とにかく、敵に、戦いを「辛《つら》い」と感じさせ続けることじゃ。精神的に敵を追いつめることは、我が勝利に大きく寄与するものじゃ。

さらに付け加えると、策略というのは、何も、戦地すなわち〝現場〟だけで行うものではない。戦地から遠く離れた所でも、工夫次第で色々と行える。
たとえば、敵の同盟国に働きかけて、友好関係を結ぶ。結果として、敵とその同盟国を引き離す。すると敵は、同盟国に裏切られた精神的ショックだけではない、そこからの援助も断たれる。これもまた、敵をジワジワと弱らせる効果的な策略となる。

要するに、敵の隙《すき》を、探すのではなく、こちらが作る。敵の弱まっていくのを、自然に任せるのではなく、早めてやる。そのためには、敵の思いもよらぬことを、やる。

これが、策略の真髄じゃ。

マァ、もっとも、こうした策略は、いざ実践しようとしても、なかなか難しい。高度なテクニックなのじゃ。兵法の初心者は、まず何よりも、我が兵法の原則たる「五事七計」を徹底することから始めるが、よかろう。

最後に、もう一つ。この章で教えておくことが、ある。

戦争は、人が行うもの。人には、心がある。したがって、その心に訴えかけるセレモニーというものも、重要なのじゃ。

いよいよ開戦と決まったならば、国のリーダーたる者は、先祖を祭った霊廟《れいびょう》の前で祈り、そして軍議を開くがよい。先祖に対する敬《うやま》いの心がわく時、日常のさまざまな欲得から心は解放される。人の心は清められ、濁りがなくなり、落ち着いてくる。心が澄み切ってくる。

そうなると、人の頭脳は、じつに明晰になる。頭の中がクリアになって、つまらぬ見栄もエゴも、頭から消し去られる。より合理的に、冷静に、客観的に、物事の判断が出来るようになる。

そうすれば、戦争にあたっての勝利の見込みというものが、より正しく判断できるようになるというわけよ。澄み切った頭脳で考えた末に「勝てる」と見込みが立ってこそ、本当に勝てるのじゃ。

エゴや見栄を心に宿したまま戦いの行方を予知じようとしても、そこにはきっと、自分に都合のよい思い込みが、挟まれる。自分では冷静のつもりでも、きっと判断ミスを犯す。

そして、十分に心を落ち着かせて判断したうえで、「勝てそうにない」と思えたならば、それはそれでしかたない。戦争を回避する道を、探るがよい。勝てないと解って、それでも戦おうとするなど、無謀以外の何モノでもない。国を滅ぼす道を暴走するバカ者の行為に、過ぎぬ。国民に、無駄な犠牲を強《し》いることになる。それは、国のリーダーが絶対にやってはいけないことじゃからの。

……と、第一章としては、こんなところかの。

さて、我が兵法をここまで聞いて、それが戦争のテクニック論に納まるばかりではない、人生そのものの教訓となっておることに、諸君らはすでに気づいておるじゃろう。

「五事七計」を心がけるべきは、何も国のリーダーばかりではない。大なり小なり何らかの組織、何らかのチーム、何らかのグループに所属する者なら誰しもが、心にとめておくべきことじゃ。

グループの仲間にふだんから支持され、チームワークを常に強く結束しておくには、どうすればよいか。そして、いざ何か事を起こす際には、どんな点に留意して臨むべきか。特に、チームのリーダーたる者は、こうした点に常に心をくだいておかねばならぬ。

その心得の全ては、我が兵法の「五事七計」に、含まれておる。

また、あらゆる人間関係の根本に〝競い合いや戦いの要素〟があるからには、我が兵法が教える策略が色々と役に立つことは、明白じゃろう。

策略を用いる相手は、敵ばかりではない。味方・仲間にも、用いるべき場合があろう。

たとえば、グループで何かの事に当たっている時、なかなかやる気を出さぬメンバーが、おったとする。そんな者は、ただ正面から「なまけるな！」と叱責しただけで心をあらためるなど、なかなか有り得ぬ。

それよりも、その者をおだてて調子づかせ、それでやる気に結びつかせるといったほうが、たいていうまく行く。

まさしく〝仲間のために用いる策略〟というわけじゃ。

その他、ケース・バイ・ケースで、我が兵法は、さまざまな日常の場面に生かせる。第二章以降も、よくよく学ぶが、よろしかろう。

休憩時間①

「孫子の兵法」とは何か

兵法書『孫子』は、古代中国の古典にして、人類史上初めて戦争のメカニズムを体系的にまとめた理論書です。そして事実上、現代に至るまで、あらゆる戦争論の基本テキストとして読み継がれています。

人類は、集団・組織・社会を形成して生きる生き物ですが、そこで集団どうし・組織どうしに対立が生じた時、その解決方法として常に、互いの武力・軍事力をもって戦い合ってきました。戦争・戦いは、人類の本能的・本質的行為であって、有史以前からずっと、人は戦ってきたのです。

『孫子』の原文は、次のように始まります。

「孫子曰《いわく》、兵は国の大事」

(孫子が言った。軍事行動こそ、国家の最重要事項である)

『孫子』の一大テーマは、この最初の一言に集約されています。人が社会を支え、文化を支え、暮らしを支えるためには、戦うことの意義をしっかり認識しろ——と。

『孫子』は、人間が人間として生きるために必要な教えを説いた古典なのです。

第二章

作戦

カネがなければ戦は出来ぬ

第二章、「作戦」じゃ。

ここで言うタイトルの「作戦」とは、戦《いくさ》を作ること。すなわち、いよいよ戦争を実際に起こすことを、意味する。つまりは、開戦にあたっての心構えじゃ。

いよいよ開戦が決まったとなったら、国のリーダーがイの一番に心配せねばならぬ問題が、ある。それは何か。

ただ一つ。戦費じゃ。

ズバリ〝カネの問題〟よ。

戦争を起こすには、必ずカネが掛かる。カネ無しで始められる戦争など有り得ぬ。少なくとも、カネ無しで始められる〝勝ち戦〟は、絶対にない。カネのない国に勝利はない。

そして、カネは、戦争を進めているあいだも、ずっと必要であり続ける。

つまり、じゃ。開戦の費用として、まず初めの「準備金・支度金」が要《い》る。さらに、戦い続けるために、戦争の「維持費・補充費」が要る。この〝二種類のカネ〟が、必要というわけじゃ。

広い広い中国大陸のどこかで、戦争をするとなれば、一度の戦いでもかなりの兵力が必要じゃ。その兵力の全てに、カネが掛かるのじゃ。言ってみれば、兵力とは〝カネの固まり〟じゃ。

ごく一般的なイメージとして、マァマァ大きめの一つの戦争に費《つい》やす兵力を、考えてみようか。

まず、戦場で用いる馬車型の戦車が千輛。戦場までの物資輸送の馬車が、やはり千輛。これだけでも、スゴい額になるぞ。

さらに、兵士が十万人で、この十万人が全員、一着ずつ鎧兜《よろいかぶと》を装着する。この武装にも、当然カネは掛かる。

これだけの兵力を、たとえば国から千里離れた戦地まで、まずは運ばねばならぬ。この進軍だけでも、カネは掛かる。さらに、兵力を送ったあとも、人と馬、両方分の食糧を調達せねばならぬ。これもカネじゃ。そして、それをやはり輸送する。こうした輸送・運搬も、やはりカネがなければ出来ぬ。

まだまだ、これだけではない。戦争を始める前後には、色々と外交上の工作をせねばならぬ。こうした外交工作費も、特別に計上せねばならぬ。

さらに言うなら、軍備品というのはすべからく、消耗が激しい。矢がなくなれば新たに調達せねばならぬ。戦車の車体が壊れれば、その分を補充せねばならぬ。破損が少なかったとしても、やはり修理にはカネが掛かる。

戦車を引く馬とて、生き物であるからには、毎日エサも食うし、それなりの世話が必要じゃ。そうした馬の維持費がまた、バカにならぬ。それに加え、馬がもし敵の矢や剣に倒れれば、その馬に費やしたカネは全てパー。新たな馬を、あらためて用意せねばならぬ。

兵士の装備にしても同様じゃ。

「戦いのさなかでも、鎧兜は傷めぬよう大切に扱え」などと、そんなバカな命令を出せるわけがない。鎧兜は、お上品なフォーマル着とはわけが違う。それでいて、並のフォーマル着よりずっと高価で、戦場では毎日のように傷むものじゃ。修理のための膠《にかわ》や漆《うるし》に掛かる費用だけでも、結構な額になる。

さらにさらに、兵士たちは皆、ボランティアで命を危険に曝《さら》す戦場に赴《おもむ》いとるわけではない。皆、養わねばならない家族をかかえておる。当然、給金を払わねばならぬ。それなりの手当も支給せねばならぬ。

……と、こう考えていくとじゃな。これだけの兵力を要するクラスの戦争をやるとなれば、何やかんやで、一日に平均して千金のカネが掛かるのじゃ。千金と言えば、じゃな。マァ、わしはこの国の貨幣のことはよく解《わか》らんが、その「円」という単位で考えると、数十億といったところではないかの。戦争のあいだずっと、毎日毎日、それだけの大金が消えていくわけじゃ。

そんなにカネが掛かるのは、たまらない。この千金を少しでも減らす手だては、ないものか。

――と、そう考えるお方も、おられるかの？

ダメじゃ。そういう発想をいきなり持つ者は、そもそも国のリーダーには向かぬ。

戦争では、掛かるべき金額は、どうしたって掛かる。必要なカネを必要なだけ使わぬ限りは、勝てぬ。そのカネをケチったら、結局は負ける。

負ければ、敵国に領土を奪われ、財産を奪われ、人としてのプライドまで奪われる。ケチった戦費など比べものにならぬほどの〝取り返しのつかぬ大損〟を、食らうハメになるのじゃ。

国のリーダーたる者、戦争に「必要なカネ」と「無駄使いのカネ」は、しっかりと区別し見極める目が、必要じゃ。そして、必要ならばいかに大金でも、それを出す〝度胸〟が、必要じゃ。

だが、だからと言って、現実問題、カネを無尽蔵《むじんぞう》に出し続けられる国など、あるはずなかろう。「カネは永遠に幾らでも出し続けられる」なんて〝魔法のような倉〟を持つ破天荒《はてんこう》の大ガネ持ち国、この世に一国たりとも存在せぬ。使えるカネというのは、どんな国でも、どうしたって限界がある。

と、なればじゃ。

戦争は、長引かせれば長引かせるほど、国の蓄《たくわ》えが減り続け、使えるカネが先細りしていく。ましてや、やたら時間が掛かって犠牲の多く出がちの「城攻め」など、やってみい。たちまち莫大な補給が必要となって、国のカネは、アッという間になくなってしまう。

そうなれば、兵力は確実に弱体化する。戦地での食糧や物資が不足してくる。当然、兵士の士気も下がる。軍への忠誠心も下がる。「カネが足らぬ分は、精神力でカバーしろ」などとホザく、国のリーダーは、この世でもっとも愚かな者じゃ。食糧でも物資でも、十分に与えられてこそ、兵士のやる気につながるのじゃ。腹が減れば、やる気は失せる。カネと士気は正比例するもの。それが真理じゃ。

なのに、戦争をダラダラと長引かせてしまった国は、どうなるか。

いつしか、かろうじて敵国には〝勝ったことになる〟かも知れぬ。散々に長引かせれば、敵国が〝根負け〟して、白旗を揚げてくるかも知れぬ。その時の状況だけを見れば「戦争に勝った」と言ってやれるかも知れぬ。

ところが、じゃ。じつは〝本当の意味〟では負けなのじゃ。少なくとも「勝っていない」のじゃ。

何故《なぜ》か。そんな戦争をした後は、必ず軍や国の内部で混乱が起こるからじゃ。謀《む》反《ほん》を起こすヤカラが現れるからじゃ。

戦争に莫大なカネを費やした結果、国の倉は、敵の白旗と引き替えに、空ッポになってしまう。となれば、戦後、民《たみ》たちにマトモな政治をしてやれなくなる。あらゆる行政サービスは滞《とどこお》り、国民に十分な暮らしを保障してやれなくなるのじゃ。

当然、「戦争であれだけ苦労させられた挙げ句が、これか」と、国のあちこちで不満が噴出する。そうなると、その状況に付け込んで、国を乗っ取ろうという野心をむき出しにする者が、きっと出てくるものよ。正規の軍とは別に反乱軍を仕立てて、謀反を起こしてくるのじゃ。

そんなヤカラの野望にいったん火が点《つ》くと、これを収めるのは容易ではない。敵国との戦いより厳しいくらいじゃ。

何しろ、正規軍は戦争直後で疲れきっておるし、一般国民も、むしろ開戦前より国に不満を抱いておる。いくら「反乱軍と戦え」と国のリーダーが命じたとて、軍も国民も、なかなか言うことを聞いてくれん。どんなに優れた政治家でも将軍でも、こうした混乱に収拾をつけるのは、簡単ではない。

戦後、国内がそんなふうに乱れたとすれば、やはり「戦争に勝った」と能天気《のうてんき》に喜んではおられまい。だから「戦争は失敗だった」と言わざるを得ず、その意味で

〝勝っていない〟というわけじゃ。

敵のマイナス分を味方のプラスに！

したがって、じゃ。戦争にあっては、どれほど「より確実に敵を粉砕できる」といった〝優れたミッション〟を立案したとしても、それがあまりに時間が掛かると解っていたなら、これは採用すべきではない。実際、「戦争を長引かせるだけ長引かせて、それで勝って、国が安泰となった」なんてタメシは、我が中国の長い戦乱の歴史にあって、一つとして有りはせぬ。

それよりも、「確実性や敵へのダメージは今イチだが、そのかわり速《すみ》やかに完了する」といったミッションがあったならば、それを用いるのが、現実的じゃ。

つまりは「最善の策よりも次善の策を採る」ほうが良い場合も、多々あるということじゃ。その選択のポイントは、一にも二にも〝即効性〟じゃ。

時間を掛けずに済むミッション。すなわち、カネがあまり掛からずに済むミッション。これを用いるべきじゃ。

並の軍参謀などは、敵に大打撃を与えられそうな策を思いつくと、現実にそれがどれほど莫大な犠牲を強《し》いるものか考えもせずに、実行したがる。

「これこそ、我が頭脳ならではの名案だ！」

とばかりに、舞い上がってしまうのじゃな。その引き替えに発生する犠牲が、先々どれほど国にデメリットをもたらすか。そうした重要な点に、想いが届かなくなるのじゃ。

まさに、机上《きじょう》の空論を現場に押し付ける最悪のパターンじゃ。

現場で軍を指揮する将たる者、そうした参謀の進言は、それがいかな説得力のあるものだったとしても、冷静に〝その裏に隠された欠点〟を見抜かねばならん。すなわち「カネが掛かりすぎる」といった欠陥を、見抜けねばならぬ。

そして、参謀の熱弁に惑わされることなく、そのアイディアを却下するクールな判断力を持ち合わせていなければならんのじゃ。

戦いがダラダラと長引くと、それにつれて、戦線もどんどん拡大していってしまう。つまり、戦地がどんどん広がってしまい、軍の遠征先がどんどん国から遠のいていってしまうのじゃ。

こうなると、さまざまな物資の補充に、さらによけいなカネが掛かるようになる。何故なら、国内から送ろうとすれば、輸送距離が延びた分だけ輸送費がよけいにかさむ。現地で何とか入手しようと交渉すれば、現地の商売人がこちらの足元を見て、やたらと高い値をフッかけてくるからの。

長い戦いのあいだに、戦車は次々と壊れていく。馬は次々と弱っていく。兵士の装備である鎧兜は次々と傷み、弓も剣も盾も、ボロボロになる。矢は尽き、補充がどんどん要《い》りようとなる。物資運搬の荷車さえ、片ッぱしからガタが来る。荷車を引っ張る牛も、どんどん弱っていく。

壊れたものは、直さねばならぬ。失ったものは、補わねばならぬ。疲れた人や馬は、休養させねばならぬ。

この全てに、カネが掛かる。国内で何とかしようとしても、現地で何とかしようとしても、いずれの場合でも、経費がベラボウに跳ね上がる。

戦いが長引けば、こうしてカネがどんどん消えていくことになるのじゃ。そうやって次々に強いられる出費は、どうやって賄《まかな》うか。結局は、増税しかない。国民に負担を強いるしか、対処しようがないではないか。

長い戦争は、民を貧困に追い込んでしまうのじゃ。その果て、税を払えぬ民が続出する。しかし、国としては、払えぬ民をそのまま許すわけにもいかん。税は公平性が、もっとも大切じゃからの。となれば、「払えぬ者は、かわりに労力を提供しろ」と命じざるを得なくなる。

こうして労役《ろうえき》に駆り出された民は、ますます疲弊《ひへい》する。カネもなくなり、身体も疲れ切ってしまう。ついには、日々を生きる活力さえ失ってしまうのじゃ。

国の倉庫は、底をつく。民の財布は、空となる。長引く戦争によって、民は全財産の七割を失い、国は国庫の六割を失う。

事態がそこまで行ってしまったら、もう事実上、国の破綻《はたん》じゃ。官も民もお手上げ状態じゃ。国は、戦争の勝ち負けが決まる前に、死に体《たい》となってしまうのじゃ。

どうじゃ。恐ろしい話じゃろう。

戦争とは、始めることが恐ろしいのではない。長引くことが恐ろしいのじゃ。カネをどんどんつぎ込み続けねばならなくなるのが、恐ろしいのじゃ。

したがって、じゃ。戦争を本当の意味でうまく指揮する者とは、こうした〝カネの掛かるリスク〟に、開戦の当初から常に心をくだいておくものじゃ。そして、少しでもカネを掛けずに戦いを続ける工夫を、するものなのじゃ。

優れた将は、国民を兵士として召集するにしても、それを一つの戦いで二度はやらぬ。すなわち、開戦時に召集した兵士だけで戦いにケリをつける。戦いのさなかに、兵士の補充を国に求めたりはせぬ。

そして、人馬の食糧を、国から戦地に送らせるにしても、これを三度はやらぬ。せいぜい一回の追加輸送で、戦いにケリをつける。

追加輸送を一回受けてもなお、どうしても戦いを終わらせられず、食糧が不足した場合は、どうするか。

優れた将ならば、現地での調達方法を考えるものよ。

さまざまな装備や軍用品を一定数、一定のクオリティで一度に確保しようとすれば、それは確かに、国内でしか用意できぬじゃろう。それなりの生産システムを持つ所でなければ、造りようがないからの。したがって、不足すれば国から輸送してもらうしかない。

しかしながら、これが食糧となると、ちょっと事情が違ってくる。食糧というヤツは意外とかさばるもので、輸送費用がベラボウに掛かる。それでいて、じつは装備品などと違って、工夫次第で、どこででも、かき集められる可能性のあるものなのじゃ。

そうした工夫を全くしようともせず、お気楽に「食糧を送れ」と、すぐ国にねだってくる将は、とても優秀な将とは呼べぬ。

戦地の現場を任される将が、国内の政府や民たちからも「智将」と呼ばれるためには、戦いの指揮に専念するばかりではない、現地で食糧を確保する手だてを同時に考えることじゃ。

国の負担を考えれば、現地で直接調達する食糧の一人分は、国から送ってもらう食糧の二十人分に匹敵する。馬のエサにしても、同じじゃ。やはり現地で手に入れる一頭分のエサは、国から輸送される二十頭分のエサの価値がある。

なんとなれば、現地の食糧確保は、輸送力の節約ばかりではない。「敵に行くはずだった食糧を奪う」という意味にもなり、そうした〝敵のマイナス分〟が、結果としてこちらのプラスに相当するからじゃ。

誤解のないように、付け加えておくがの。無論、将が現地での食糧確保に、とことん思案し、八方手を尽くして、それでも無理となれば、それはしかたがない。国からの輸送を求めるしかない。

そこまで軍が戦地で追いつめられているにもかかわらず、なおも「現地で何とかしろ」などと冷たいことを言ってくる国があるとしたら、そんな国は、ハナから〝戦争をする資格〟がないのじゃ。とっとと白旗を掲げるが、よかろう。

結果は早く出すにしかず

とにかく、戦争はスピーディに進めることを、まず心がけよ。勝利に向かう道とに、その発想からスタートするのじゃ。

そうした気構えは、軍の上に立つ一部の将だけが持っておればよい、というものではないぞ。兵士たち一人ひとりが、戦いに先だって肝《きも》に銘じておくことじゃ。

そうした気構えを、軍の末端隅々にまで、行き渡らせておくことじゃ。

そのほうが、兵士たちの士気を、より燃え上がらせることにもつながる。

「この戦争、一気に終わらせるぞ！」

といった〝勢いの気分〟が、戦いの直前に軍全体に浸透すれば、

「ヨッシャ！　やってやろうじゃないか！」

といった高揚感を、兵士の誰もが、自然と生じさせるものよ。そうなった時、人間というヤツは、ふだんの実力以上にパワーを発揮するぞ。と言うよりも、ふだんはなかなか表に出てこない秘められたパワーが、噴出してくれるものなのじゃ。一

挙にフル回転！　ターボ全開！　といったところじゃ。

そして、この勢いが、実際に敵を圧倒していく。望みどおりの短期決戦でカタがつく。

戦費の負担というカネの問題面で考えても、兵士のメンタル面ということで考えても、戦争は、速やかに進めるを目指すことが、じつに肝要というわけじゃ。

ああ、それから、さらに説明を付け加えるとな……。「敵から奪う」という点で、説明を広げると、何も〝奪って得する〟ものは、食糧ばかりではない。

敵の軍備品、たとえば戦車を奪えれば、これがまた、じつにこちらの助けとなる。

と言うのは、奪った軍備品は、そのまま、こちらのものとして使い回しが出来るからじゃ。敵戦車を奪ったならば、車輛に掲げる旗印を自軍のものと取り替えてしまうが、よい。これで、敵は戦車を失い、こちらは戦車をタダで手に入れられる。相乗効果というわけじゃ。

敵の軍備品を奪うというのは、こうした意味で、敵兵を倒すことに遜色《そんしょく》ないほど、いや、むしろそれ以上に、大きな手柄なのじゃ。だから、これを為し得た兵士には、大いに褒賞を与えるがよい。

さらに、ここで一つ、智将ならば、心がけねばならぬことがある。敵戦車を、それを引く馬はもとより、乗り手も合わせて生け捕りと出来た場合じゃ。そんな時は、その乗り手を処刑せず、手厚くもてなしてやれ。そうして、こちらの味方に引き入れるのじゃ。

戦車の乗り手というのは、高等技術者じゃからの。ましてや、それまで自分が戦場で走らせていた戦車、その者がもっともうまく乗りこなせるに、決まっておる。

それだけの技術を葬ってしまうなど、もったいないではないか。戦車の乗り手を、全くの初心者から育てようとしたら、カネも手間も掛かる。戦車の乗り手とは、その存在自体が〝カネの固まり〟なのじゃ。

それだけのカネと手間の節約が出来て、これを即ゲットできるとなれば、これは、たいへんな儲けよ。多少の厚遇をして迎えてやることくらい、安いものじゃ。

ここは、敵への憎しみをグッと抑えて、迎え入れるのじゃ。

技術を持っとる人間というのは、その技術を〝誉《ほ》められる〟のが一番嬉しいものよ。そういったタイプの人間は、身につけている技術こそが、プライドの拠り所じゃからな。

身も蓋《ふた》もない言い方をしてしまうとな、その技術をおだててやれば、よいのじゃ。

それで、たいていは、プライドを気持ち良くくすぐられて、「ああ、こちらの軍のほうが俺の価値を解ってくれている」とばかりに、大いに喜ぶ。アッサリこちらになびいてくる。

したがって迎える際は、「我が軍につけば命は助けてやる」などと居丈高《いたけだか》にならぬことじゃ。「貴君の素晴らしい力を、どうか我が軍で発揮してくれ」と、あえて〝下手《したて》に出る振り〟をしてやるがよい。きっと、その者は嬉々として、自ら裏切ってくれるじゃろう。

もう一度言うぞ。

戦争は、勝たねばならぬ。だが、最後に敵に白旗を揚げさせればそれでよい、といったものではない。

長引く戦争は、勝とうが負けようが、兵も国民も疲弊して、決して喜ばぬ。開戦にあたっては、まずこの点を、第一に考えるべきじゃ。それをせぬ国のリーダーや軍の将に、一国の命運を託される資格は、ない。

……と、ここまでが第二章のレクチャーじゃ。

ここまでの話、戦争に限ったモノではない。ありとあらゆる物事《ものごと》もまた、出来る限りスピーディに進めるを目指すが、大切じゃ。

それが結果として、周囲に喜ばれることにつながる。自分の成功、勝ちにつながる。

自分独りで何かをコツコツとやるだけなら、それはそれでよい。他人の目など気にせずマイペースでそのことを楽しみたい——というだけなら、無理に急ぐことはない。

だが、その物事が、たとえ誰であれ他人と少しでも関係するものならば、他人に少しでも見てもらいたいものならば、「結果を早く出す」ための努力を忘れてはならぬ。

他人にとっては、こちらのペースなど関係ない。何につけ、待つ者は「少しでも早く結果を得たい」というのが、本心じゃからの。

長引く戦争が兵の力を失わせ、民の財を失わせるのと同様に、長引く仕事というのは、長引くだけ、それを待つ者の時間を失わせている。それをカネに換算すれば、きっと、かなりの出費を相手に強いていることになるのじゃ。

他人に対してこちらのペースを一方的に押し付けるのは誤りだと、よくよく知るがよい。それは、「いくら犠牲を出しても勝てばよい」と思い込んどる愚かな将と同じ、奢《おご》った考えじゃ。誰も決して、誉めはせぬ。

人の行いとは、何事にもカネが掛かっているもの。その行いが続くあいだ、ずっと何がしかのカネは掛かり続ける。

たとえ直接掛かる費用がわずかだったとしても、たとえば戦車の乗り手の育成費用のように、目に見えぬ形で、どこかでカネを使っておる。誰かにカネを使わせておる。

カネは、必要な分は使わねばならぬ。だからこそ、無駄は省かねばならぬ。

――と、つまりは、そういう教訓を諸君らは、この第二章から学んだじゃろう。これまた、人生万事に通ずる教訓じゃ。

休憩時間②

『孫子』が成立した時代（その1）

兵法書『孫子』は、今から2500年ほど前に成立したと、伝わっています。この時代は、中国史において、いわゆる「春秋戦国時代」と呼ばれます。

中国史は、遥か古代に「夏《か》」王朝が成立して以来、1912年に「清《しん》」王朝が倒れるまで、歴代の王朝が入れ替わって、あの広大な大陸を支配してきました。

紀元前770年頃、当時の「周《しゅう》」王朝が衰えを見せ始め、乱世の時代に突入します。幾つかの新勢力が勃興《ぼっこう》して、覇権を争い始め、それから約500年。「秦《しん》」王朝が統一を果たして乱世にピリオドを打つまでの期間をして、「春秋戦国時代」と呼ぶのです。

この時代の当初は、中国大陸に大小140カ国余りもの国が独立を宣言していた、たいへんな群雄割拠《ぐんゆうかっきょ》の時代でした。それが、毎日のように続く戦乱を通して、じょじょに淘汰《とうた》され、幾つかの強国に絞り込まれていったのです。

孫子は、そんな時代に生まれた天才兵法家でした。彼は、まさに「時代の申し子」だったのです。

（76ページへ続く）

第三章

謀攻

価値の高い勝利と価値の低い勝利

第三章、「謀攻《ぼうこう》」じゃ。

「謀攻」とは、読んで字の如《ごと》し。攻めるための謀《はか》りごと。さまざまな知恵と策をもって敵に対する、ということじゃ。

ごくごく単純に言ってしまうと、「戦争は、考えてやれ」という教えじゃな。何の状況判断もせず、ただ闇雲《やみくも》に全軍を挙げて正面から攻める……なぁんてのは、子供のケンカにも劣るバカげた姿勢じゃからな。「軍備を揃えたらあとは突っ込むだけ」といった頭カラッポの将が、実際に時々おるがの。そんな将が長生き出来たタメシはない。

さて、まずは基本的な問題を、ここにおる皆に問うてみようか。戦争において「戦い方を考える」ことは、なにゆえ必要なのか。何のために考えねばならぬのか。一言で答えてみい。

なに？　そんなこと知れ切っておること？　「勝つために」だろう、じゃと？

惜しいの。半分当たりじゃ。それだけの答では、足りぬ。

正解はな……、「損害を少なくして勝つために」じゃよ。

同じ勝つにしても、いかに犠牲を少なく済ませられるか。いかに損害を出さずに勝ちに導くか。そのために考えるのじゃ。頭を使うのじゃ。

それが、すなわち「謀攻」じゃ。

とは言え、戦いにあたって実際に考えるべき内容というのは、まさにケース・バイ・ケースでの。これをいちいち具体的に説いておったら、時間が幾らあっても足りぬ。ここでは、とりあえず基本的な心構え、戦争を〝考えて進める〟ということの基本的な意味について、述べておこう。

戦争は勝たねばならぬ。が、あらゆる勝利が、じつは〝全て同じ価値〟ということにはならぬ。価値の高い勝利、価値の低い勝利というのが、あるのじゃ。すなわち「上等な勝ち方」と「下等な勝ち方」の区別が、ある。この区別をまず、解《わか》っておくことじゃ。

では、何をもって上等と下等の区別をするのか。これは、その戦いによって生じた損害の度合いによって、決まる。

戦いが終わった時、国の損害を少なく抑えて勝ったものほど、上等なのじゃ。さらに付け加えると、この「損害の度合い」については、敵国の状況においても言える。敵国にあっても、損害を少なく済ませて白旗を揚げさせた場合ほど、上等な勝ち方だったと評してやれる。

何故《なぜ》ならば、勝った後の敵国というのは、そのまま、こちらの財産となるからの。領土。賠償金。人材。そして、戦後に取り結ぶ外交上の特権……。敵国に損害が少なければ少ないほど、それらの価値もキープできる。

たとえば、奪う領土にしても、焼き尽くして灰となった土地より、荒らされぬままの田畑のほうが価値が高いに決まっておる。賠償金だって、敵国に財が残っていればこそ、より多くふんだくれる。敵が財を使い果たしていたら、カネは取りたくても取れぬ。無い袖は振れぬからの。

いくら「勝った」と威張ったとて、敵にも味方にも莫大な損害を残してしまうような勝ち方では、とても手放しでは誉《ほ》められぬ。

要するに、じゃ。敵味方の双方で損害を少なく済ます勝利こそ、上等な勝ち方なのよ。無傷のままに戦争を勝利とする。これをもって、最上とするわけじゃよ。

もちろん、ここで言う損害は、国内の財や土地ばかりの話ではないぞ。軍そのものについても、言える。

軍の編成というのは、「軍・師《し》・旅《りょ》・卒《そつ》・両《りょう》・伍《ご》」と、細かく分かれておる。最小単位の伍は、兵士五人編成じゃ。で、五伍で一両。四両で一卒。五卒で一旅。五旅で一師。五師で一軍じゃ。すなわち、5カケ4カケ5カケ5カケ5カケ5……で、一軍が一万二千五百の兵力となるのじゃな。

戦い終わって、戦死者や負傷兵の数がどれほどとなっておるか。自軍において、さらには、敵軍において、この数が、軍で少なければ少ないほど、師で少なければ少ないほど、旅で少なければ少ないほど、卒で少なければ少ないほど、両で少なければ少ないほど、そして伍で少なければ少ないほど……、その勝利の価値は上がる。

兵士は、戦場にあっては消耗品じゃ。戦いの中、倒れていくのはしかたない。だが、戦い終わって国へ帰れば、一般の国民となる。国民こそが、国を富ます何よりの国の財産じゃからな。

と、いうことはじゃ。「これ以上ない最高の勝ち方」というヤツは、自国も敵国も損害ゼロ、自軍も敵軍も、一兵の兵士も失わずして戦争に勝つことじゃ。

もちろん、戦えば必ず何がしかの損害が発生する。したがって、損害をゼロとするためには、実際に戦わぬこと。すなわち、最高の勝ち方とは「戦わずして勝つ」。これぞ究極の、最高最上の勝利というものよ。

たとえ百戦して百勝しても、その一勝ごとに大きな損害を出し続ければ、それが積もり積もって、トータルの損害がどれほどになるか、想像するだに恐ろしい。百勝したその後に残ったものは、すっかり焦土と化した大地と、働き手の男を全て兵として失い明日の食うモノにも困る女子供だけ……ということに、なっているかも知れぬ。そんな百勝より、国も軍も完全無傷で手にした一勝のほうがどれほど価値があるか。比べるまでもなく、解ろうというものじゃろう。

そして、戦わずして勝つために必要なこと。それこそが、謀りごとというわけじゃ。

戦わずして勝つための二つのパターン

謀りごとをもって勝つ。その〝最二のパターン〟とは、敵に、戦う前から〝すっかりあきらめさす〟ことじゃ。

敵とて、実際に戦いに突入する前には、アレコレとミッションを立て、謀りごとをもって、こちらに挑《いど》もうとするであろう。そうした敵のミッションなり謀りごとなりを、先にこちらが、見抜いておくことじゃ。そして、敵の動きをことごとく先読みする。敵が何かをやろうとするたびに、それを潰《つぶ》し、封じてしまう。

すると敵は、打つ手打つ手が次々と空振りに終わるので、まともに戦う前に、すっかり嫌気が差してしまう。ついには「この戦争、とうていかないっこない」と絶望し、あきらめてしまう。そうなれば、あとは黙っていても、敵のほうから白旗を揚げてくる——といった寸法よ。

この展開だと、こちらが本格的に全軍を動かす前に戦争は終わる。損害など、事実上ゼロとなろう。無論、敵のほうにも、大きな損害は出ていない。損害を出す前に、メンタル面で負けに追い込んでやっておるからの。

そして、いったん精神的に屈服させると、人というのは、意外なほど従順となる。敵はこちらの属国となって、素直に言うことを聞くようになる。

〝その次にうまい勝ち方〟のパターンとは、敵をすっかり孤立化に追い込んで、戦争する意欲を失わせることじゃ。

すなわち「もはや、どうあがいても、この広い世界に、我が国の味方となってくれるものはいない」と、思わせるのじゃ。

それには、敵の親交国に片ッぱしから外交攻勢をかけ、こちらとの親交を結び、敵国とは離反させることじゃ。敵国を、世界中で〝独りぼっちの国〟としてしまい、その事実を痛切に感じさせるのじゃ。

戦争を続けても、誰も味方となってくれない。勝っても、誰も誉めてくれない。戦ってしまえば、そのあとは世界から見捨てられるだけ……。

――と、そう実感させる。世界から孤立し、世界中に敵視されては、そんな国とうてい存続できっこない。こう追いつめられると、

「世界中を敵に回すくらいなら、降伏して相手の属国となったほうが、まだマシだ」

と、思い込むようになる。苦渋の選択というヤツじゃ。で、これまた自ら降伏してくる。

このパターンでは、敵国の親交国全てを百パーセント確実に離反させぬと、うまく行かぬ。口先半端な外交では効果が生まれぬから、なかなか難しい。しかし成功すれば、これまた損害をほとんど出さずに勝利を我が手に握れる。

そして、これら二パターンの謀りごとがどうしてもうまく行かぬ時になって初めて、実際に軍を動かすことになる。

すなわち、じゃ。現実に武力をもって戦い、力によって勝ちを収める戦争とは、しょせんは〝三番めの勝ち方〟に過ぎぬ。決してベストの勝利とは言えぬ。武力衝突は、どうしたって損害が生じるものじゃからの。

さらに、じゃ。武力衝突の中でも〝価値が最低の勝ち方〟というのが、ある。それは「城攻め」じゃ。敵の本拠地を、直接攻めることじゃ。

本拠地というのは、どこだって守りが堅固になっておる。誰だって「ここを落とされた「ら終わりだ」といった〝切羽《せつぱ》詰まった想い〟があるから、守ろうと必死になる。戦いの気合いの入れぶりが、違ってくる。

すなわち、現実面でもメンタル面でも、敵の抵抗は、恐ろしく厳しくなる。それをまともに攻めるなど、こちらの損害が甚大になるのは目に見えておろう。たとえ勝ったとしても、それに費《つい》やす日数だけでも、たいへんなものじゃ。戦いは、嫌になるほど長引いてしまう。

したがって、城攻めは本当に、戦争の最後の最後の手段じゃ。考えて考えて考え抜いて、「どうしても城攻めしか勝利の手は残っていない」と、道がそこまで絞られぬ限りは、城攻めはしてはいかん。

実際に城攻めをする手順を、あらためて追ってみようか。

まず、城攻め用の工作車や道具、これらを揃え、敵城の前まで運ぶのに、三カ月は掛かる。道具類がやっと揃ってから、ようやく、城壁を登るルートを造る工事に入れる。土を積み重ね、土台を組み立て、土を固め……の繰り返し。この工事にも、三カ月は要する。

すなわち、全軍の将兵が半年も、敵の城を囲んだままボーッと待っていなければならぬ。こんな時間の経過が、いかに無駄なものか。前の章のレクチャーからも解るじゃろう。

実際、これまでの戦史で、この半年をイライラと待ちきれなくなって、ルートも出来ぬ先から城攻めを強行した例も、あるがの。兵士たちを無理矢理に突っ込ませて、城壁をよじ登らせたのじゃ。

敵は必死に、城壁の上から矢を射かけ、石を落とし、これを防戦する。兵士は城壁に取り付きさえ出来ず、バタバタと倒れていく。まさに〝強引な人海戦術〟の典型じゃ。マァ、こんなバカな攻撃をやると、一度に全軍兵士の三分の一は失うの。しかも、やるだけやって敵の城はビクともしなかった――というのが、たいていのオチじゃ。

城攻めほど、成功率が低くリスクの大きな戦い方は、ない。それで万が一勝ったとて、これほど〝ヘタな勝ち方〟というものは、ない。

まことに戦争のうまい将とは、な……。

敵軍の心を打ちのめし絶望させて、敵を屈服させる。が、それを武力を用いずして、やってのける。

敵の城の門を開かせ、堂々と自軍の旗をひるがえしながら自軍を入城させる。

が、それを城攻めをやらずして、現実のものとする。

勝利によって戦争を終わらせる。が、時間を費やさずして、そこに至る。味方の財と人を失うことなく、敵から財と人を手に入れる。したがって戦えば戦うほど、マイナスを生じさせずにプラスを積み重ねる。国の利益を増やしていく。

――と、これが、戦いの謀りごとを完璧にやってのける、将の理想というものじゃ。謀攻の究極というものじゃ。

そして、謀りごとを為すには、兵力が実際に多ければ多いほど、よい。たとえ〝使わぬ兵力〟だとて、兵力は、ある程度の数を揃えておくことが肝要じゃ。

マァ、早い話、たとえば敵の十倍の兵力を持っておれば、敵を完全にグルリと囲んでしまえる。五倍持っておれば、一挙に全軍を動かしても十分に勝てる。二倍持っておれば、敵を分断させて小規模の戦いを繰り返し、敵を各個に撃破していけば、容易に勝てる。そして、兵力がほぼ互角の敵だったなら、その時その場で効率的なミッションを練り、それで戦っていく。

――と、これが敵軍と自軍の兵力差において、まず念頭に入れておくべき、基本姿勢じゃ。この基本姿勢をベースとして、状況に合わせた謀りごとを考え、慎重に実施していくのじゃ。

なに？　自軍の兵力が敵より劣っている場合はどうか、じゃと。

ウム、それはな……。敵より我がほうの兵力が少なければ逃げる！　圧倒的に少なければ、戦わない！　これが、基本の姿勢じゃ。

……コラ、コラ、そうザワつくでない。人の話は、最後までキチンと聞かんといかん。

しかしわしは、ジョーダンを言っているわけでもなければ、受け狙いのギャグを言うたわけでもない。しごく真面目な話じゃ。

いや、まさか本当に逃げてしまったり、戦いを放棄してしまっては、戦争にならぬがの。あくまでも基本の姿勢として、そうしたことも「有り！」と、まず心することよ。

そのうえで、やってやれぬこともない謀りごと、やれば何とかなりそうな謀りごとを、考えるのじゃ。

もともとが兵力で劣っているのじゃから「いざとなったら逃げるのもしかたない」と、そう考えるほうが、本当じゃろう。

こうした場合、逃亡、退却、あるいは休戦勧告、もっと言ってしまえば、こちらの一時降伏も、リアルな選択肢の一つとして頭に入れておくべきなのじゃ。これもまた、謀攻の一つよ。

そう考えればこそ、むしろそれが〝心の余裕〟となる。敵の大軍を前にしてなお、気持ちが、とことん追いつめられずに済む。ある意味で、前向きになれる。するとそういったメンタル面の明るさというのは、実際に光明を見出し易《やす》くするものよ。

自滅するトップの特徴

……ところが、な。

戦いの現場を任されている将が、敵との兵力差を目《ま》の当たりにして、そう腹をくくったとしても、じゃ。国のリーダーが現場の実情も知らず、ただ「何がなんでも勝て!」と、わめき散らしてくると、困る。将は、悩み混乱する。

軍のトップといえども、あくまでも身分は、国のリーダーすなわち君主の、下。

臣下の立場なのじゃからな。真面目な将ほど、これに逆らうのは、そうそう覚悟できるものではない。

その挙げ句、「敵から逃げては主君に顔向け出来ぬ」と、ただ、そんな羞恥心だけで頭がいっぱいとなる。主君と敵大軍との板挟みで、将の頭はパニックになってしまう。冷静な判断が出来なくなってしまう。

ついには、勝てる見込みだないにもかかわらず、総攻撃の命令を出してしまう。結果は火を見るより明らかで、戦いはボロ負け。将は敵の捕虜となって、国どころか満天下に恥を曝《さら》すことになるのじゃ。


そんな展開、最悪じゃろう。

すなわち、じゃな。謀攻というものは概して、効果をジワジワ発揮する反面すぐには結果が出なかったり、あるいは、水面下で進めるため表だっては何もしておらぬように見えたりする。初めのうちは味方の兵たちにさえ、弱腰になったかのように錯覚されることも、ある。

それで、戦いの素人の目には、なかなか全貌が見えず、そうそう理解してもらえない。

国の君主や政治家、高級官僚といった〝国内のリーダー一統〟というのは、戦争については素人じゃ。そうした素人たちが、こちらの謀攻を解らず現場にヤイのヤイのと口を差し挟んできてもらっては、困る――ということじゃ。そんな声、謀攻のジャマにしかならぬ。謀攻のもっとも大きな障害は、そうした国からの戦場に対する〝素人の口出し〟なのじゃ。

では、どのような国のリーダーなら、謀攻のジャマとならぬか。国内にいる君主と戦場を任される将は、どのような関係ならば良いのか。

そのへんを少し整理して、反面教師的に、ここで説いておこう。つまり、「こういう君主だと戦争は負けるぞ」といったパターンじゃ。

一、戦況が「ここで無理するとちょいとヤバイぞ」という状態で自重せねばならぬ時に、国から「進め」と命令を出してくる。一方で、戦況が「まだまだ行ける！」という時に、国から「退《ひ》け」と命令してくる。こうした君主の口出しは、軍を束縛する。

二、将兵の抜擢《ばってき》やら処罰やら、あるいは編成の変更やら、いわば「軍内の政治」というものに、君主が口を出す。これをやられると、将兵は「どんな覚悟で戦えばよいのか？」と、迷う。

三、どの部隊を進めるか。どの部隊を待たせるか。そういった用兵に、君主が口を出す。これをやられると、将兵は「誰かの気まぐれや依怙贔屓《えこひいき》で、危険な所に行かされたり安全な所に行かされたりするのでは？」と、軍令を疑うようになる。

――と、国のリーダーがこうした口出しをすれば、軍内に迷いや疑いが蔓延《まんえん》する。将兵の気持ちはバラバラになり、軍としてマトモに機能しなくなる。すると、これをチャンスとばかりに、味方だったはずの武将が反乱を起こす。自ら勝利を捨てて自滅の道を歩むことになるわけじゃ。これは、ダメじゃ。

したがって、謀攻を成功させて勝つためには、これらの逆でなければならぬ。

勝てる国とは、どんな国か。あらためて整理しておこう。これは、五つある。

一、戦うべき時と、戦いを避けるべき時を、しっかりと見分けられる国。

二、敵と味方の兵力をともに見極め、その戦力差に応じた謀攻を考えようとする国。

三、国内と戦地の現場。君主と将。さらには、将たち軍の指導部と兵士たち。こうした〝上下関係〟それぞれの立場で、戦争の利害が一致している国。すなわち

「勝てば良い思いが出来る」と、上から下まで全ての者が信じている国。国民に、そう信じさせられる国。
四、万事に用心深く、常に、考えることを面倒クサがらない国。人間、あまり頭を使い続けると、だんだん面倒になってくる。「エーイ！　どうとでもなれ！」とばかりに、考えること自体に嫌気がさしてくるものじゃがの。そこを踏ん張って、決してそうはならない国じゃ。
五、そして何より、戦地の現場責任者である将が謀攻に有能で、かつ、君主がこれを信頼し切って、現場に口を出さない国。
――と、こうした五つの条件を強く備えていればいるほど、その国は戦争に勝てる。


「敵を知り、おのれを知れば、百戦危《あや》うからず」

良いフレーズじゃろう。すなわち、敵の兵力や戦意をよく調べ、一方で、自分たちを客観的に見て、その能力や人間関係の状況をよくわきまえている国なら、どれほど戦争をやっても負けぬ、というわけじゃ。

それに反して、

「敵を知らずして、おのれを知らば、ひとたび勝ち、ひとたびは負く。敵を知らずおのれを知らずば、戦うごとに必ず危うし」

すなわち、自分のことは解っているが敵の正体がつかめぬという時の勝敗確率は、五分五分。敵のことも自分のことも解らぬまま、ただヤケクソに戦うような時は、毎日が「命が幾つあっても足りぬ」という状況に、なるわけよ。

……と、第三章のレクチャーは、このくらいにしておこうかの。

解ったかな。

物事何でも、まず考えねばならぬ。考えて、策を練って、それから挑まねばならぬ。その精神が、まずは大切なのじゃ。

しかし、その〝考えるということ〟を、実際に良い結果に結びつけるためには、きっと必要な条件がある。

まず何より、その策を実行できるスキルやパワーが、自分に備わっているのか。そういった「自分を知る」ということ。

同様に、計画の相手・行動の相手、すなわち〝戦いの相手〟のスキルやパワーが、どんなものか。それを事前に、よくチェックしておくということ。

そして、自分とその相手との〝力の差〟というものをよく把握し、そのデータを土台として策を立てるということ。

――と、これらの条件もわきまえず、現実にはとても不可能な策を考えても、そんなモノは「絵に描いたモチ」。何の役にも立たぬ妄想に、過ぎぬ。

物事の現場を実際に見ない者ほど、こうした妄想をいだき易い。そして、そんな妄想をいだく者ほど、「自分はよく考えた」あるいは「自分は賢い」と、大マチガイの自惚《うぬほ》れを持ってしまい易い。

ここにおる皆は、よくよく気をつけて〝そうした人間〟にならぬよう、心がけるがよい。

無理は実行せぬ、実行させぬ。無茶は、出来るだけ避ける、避けさせる。

要するに、万事にこの精神が、本当に良き人間関係をきずき、人生を〝より良き成功〟へと導くのじゃ。

休憩時間③

『孫子』が成立した時代（その２）

初め140余りもの国が乱立していた春秋戦国時代は、やがて、前期にあって十数カ国にまで、まとまっていきます。この時代、とくに強大な力を誇っていたのが、「晋《しん》」「斉《せい》」「楚《そ》」「呉《ご》」「越《えつ》」といった国々です。

やがて後期に入ると、前期に栄華を誇っていたある国は滅び、一方で、新たな強国が大陸の覇権争いに参加し始めます。「燕《えん》」「趙《ちょう》」「秦《しん》」「魏《ぎ》」「斉」「韓《かん》」「楚」といった国々が、この時代の主役たちです。

孫子は、春秋戦国時代前期の人で、「斉」の国の生まれです。兵法家として各地を渡り歩いた末、揚子江《ようすこう》下流地域で栄えていた「呉」の国王に見出されました。そこで、自らの兵法理論をまとめ上げ、これを実戦に生かすことで、「呉」の大躍進を導いたのです。

当時は、戦略を立てるにあたり、占い師や祈禱師《きとうし》の言葉を参考にするのが、むしろ当たり前でした。しかし孫子は、徹底して合理的・現実的な分析から戦略を立てるリアリストでした。〝時代の限界を超えていた人〟だったとも言えるわけで、だからこそ彼の兵法は、現代にも通じる普遍的価値があるのです。

第四章

軍形

負けにくい形と勝ち易い形

第四章、「軍形」じゃ。

戦場における軍の形、すなわち、敵とにらみ合っている戦場での自軍の配置を、どうするか。どの部隊をどのくらい、どこに配備し、どこへ移動させるか——といった判断の心構えじゃ。

将棋だのチェスだのといったボード上のゲームでは、最初の駒の置き方が決まっておろう。野球やサッカーといったフィールド上のスポーツでも、最初の選手の立ち位置が、だいたい決まっておる。

　これらはいずれも、駒や選手がもっとも効率的に動ける所、すなわち〝勝ち易《やす》くなるポジション〟として割り出した所へ、配置したものじゃ。こうした形を生み出すことが、すなわち「軍形」じゃ。

　もっとも、ゲームやスポーツは、戦いのルールがカチッと決まっておる。そのルールの制約の中で、敵も味方も動く。ルールを外れて動く気遣いはないから、こうした軍形も、常に同じもので済む。

「今回は、飛車と角を歩《ふ》の前に置いておこうか」とか「今日の試合では、外野手を四人に増やして合計十人の守備にしようか」とか、そんなふうにいちいち悩まんでもよいわけじゃ。第一、そんなことをやったら、ルール違反で戦いそのものが始められんからの。

　しかし、戦争では、そうはいかん。

　敵はどのように動くか。初めから決められた制約なぞは、ない。敵は、好き勝手に動く。だから、それに合わせてこちらも、いちいち軍形を考え、変えていかねばならぬ。

いよいよ戦いが始まるという時、昔から、優れた将ほど〝勝ち易い軍形〟というものは、考えない。

フフ……。そう不思議そうな顔をするでない。本当のことじゃ。では、名将はどんな軍形を考えるか。

これすなわち、〝負けにくい軍形〟を考えるのよ。これを最優先にするのよ。

敵は、ここへこう攻めてくるかも知れぬ。だったら、それを防げるように、ここに味方をこう配置しよう。あるいは、あちらから迂回《うかい》してくる可能性もある。ならば、こちらに、これだけの部隊を置いておこう……。

――といった具合に、敵の攻撃パターンを色々と予測して、それに合わせて守りの軍形を、まずは形作る。それから次のこととして、敵軍の隙《すき》を探り、こちらの勝ち易い攻撃の手だてを考えるのじゃ。

まず「負けにくい防御の形」を考える。それから「勝ち易い攻撃の形」を考える。これが正しい順序じゃ。

何故《なぜ》、この順序になるのか。

防御というのは、待ちかまえるスタイルじゃ。これは、自分の意思、自分の工夫で、どうとでも出来る。すなわち、自分の狙いどおりの形を、そのままに作ることが出来る。思ったとおりにやれるものじゃ。

一方、攻撃は、敵の軍形次第で色々と変えていかねばならぬ。

「敵がどこにいようが、どれだけいようが関係ない。ただ正面から全軍で突っ込めば、敵の軍形にかかわりなく必ず勝てる」

——なぁんて、都合のいい楽な戦争など、絶対に有り得ぬ。敵の軍形に合わせて、効率のよい戦い方を見出さねばならぬ。

ところが、じゃ。この〝効率のよい戦い方〟というのは、そうそう簡単に見つからぬ。何故なら、敵は決して、こちらの思ったとおりの軍形になってはくれぬ。こちらの意思で、敵の軍形を決められるものではない。当たり前の話じゃな。

勝ち易い軍形というのは、要するに「敵の隙や弱点を突く攻撃の形」のことじゃ。しかし、敵の弱点や隙は、こちらで決められるものではないからの。「まず、敵にこんな弱点を作って、次に、そこを攻める我がほうの軍形を整える」なんてことが出来れば、こんな楽な戦争は、ない。

だが、人は神様ではない。敵が敵の意思で決めることを、こちらの思惑《おもわく》で変えたり、完璧に見抜いたりすることなど、出来ぬ相談じゃ。

つまり、じゃな。「負けにくい軍形」というのは、こちらの努力次第で、工夫の積み重ねが幾らでも出来る。「もっと防御を固めよう」「もっと負けにくくしよう」と考えるとおりに、実際に軍形を整えていける。

しかし、「勝ち易い軍形」というのは、結局は〝敵の出方次第〟で、変わってしまう。たとえ、「敵は、こう待ちかまえているだろう。だったら、これが、こちらの勝ち易い軍形だ」と工夫したとて、実際の敵が思ったとおりの形になっておらねば、そんな工夫の努力も、全てパーじゃ。それどころかヘタをすると、「結果として、却《かえ》って敵に有利になる攻撃軍形を敷いてしまった」なんてことに、なるかも知れぬ。

「より負けにくくする」。これは自分の意思と努力で、何とか出来る。だが、「より勝ち易くする」。これは、こちらの努力だけでは、そうそう思いどおりにならぬ。

だから、なのじゃ。名将は〝より確実な努力〟というものを、まずやるのじゃ。負けにくくする軍形を整えることを、優先するのじゃ。

要するに、確率の問題じゃよ。同じ努力をするのなら、「その成果が実る確率の高い努力」のほうに、エネルギーを注ぐべきじゃろう。「幾ら努力しても思いどおりに実らぬかも知れぬ」なんて〝リスクの高い努力〟は、優先するべきではない。

昔の人は、ウマいことを言った。

「勝つは、知るべく、為《な》すべからず」

すなわち「勝つ方法というのは、色々と考え出すことは簡単だ。しかし、それを実行して成功させることは難しい」と。

負けないようにするには、防御をしっかりとやる。勝てるようにするには、攻撃を適切にやる。

「しっかりやる」ということは、地道な努力を重ねれば、出来る。「適切にやる」ということは、努力に何らかのプラス・アルファが、必要となる。そのプラス・アルファとは、何か。運か？　未来の予測か？　意外なアイディアか？　いずれにしろ、努力以外の何かが要《い》るのじゃ。

したがって、まずは、守りを優先せよ。兵力が少ない時ほど、守りに兵力を回せ。攻撃は、守りを十分に固めたのちに余った兵力で行え。

――と、これが、軍形の基本の考えじゃ。

……コラコラ、まだ話は終わっておらぬ。そこの者、そんなに急いで席を離れようとするでない。話は、まだ続く。

名将は「楽に勝てる戦い」をやってのける

さらに、その際の大切な心構えを、教えて進ぜよう。

守りの軍形とは、ひたすら我慢が肝心なのじゃ。たとえるなら「地を這《は》うような気分」じゃな。静かに静かに、目立たぬように、ジッとそのまま我慢し続ける。あわててはいかん。戦況が思うように動かずとも、シビレを切らして自ら軍形を崩してしまうなんてことがあっては、ならぬ。

一方で、攻めの軍形とは、敵の動きをよく察知し、それに合わせて臨機応変になっていかねばならぬ。たとえるなら「高い天から敵軍を見おろすような気分」に、なれねばならぬ。すなわち、敵の動きを全て見通せているという自信を、持てねばならぬ。

それだけの自信を持てて初めて、有効な攻撃軍形を敷いたと、評してやれる。

勝てる軍形とは、負けない軍形に支えられたものだということを、よくよく肝《きも》に銘じることじゃ。

したがって、名将の勝ちほど、見た目は地味なものよ。

ド派手な大逆転とか、華々しい総攻撃とか、あるいは、ヒーローの大活躍とか、そんな素人の目を楽しませる展開など、戦いに見出せぬ。淡々と戦い、そして「いつの間にやら勝っていた」といった勝ちを収めるのが、名将なのよ。

初めっから、あまりに敵より強大な兵力を備えていて、兵力にゾウとアリンコほどの違いがあったとしたら、そんな戦争の勝利など、たいして誉められたものではない。そんな状況下で勝っても、将を「戦争のうまい名将」などと讃《たた》える必要はない。事実、「勝って当たり前」じゃからの。

しかし、だからと言ってじゃ。イチかバチか、伸《の》るか反《そ》るかの攻撃を仕掛けて、思いもよらぬ大ドンデン返しが起こって、それで勝ったとしても、そんな指揮をした将を名将と讃えるのも、また間違いじゃ。

そりゃア、そんな勝ち方をすれば、世間一般は大いに驚くじゃろう。「スゴい！」と感嘆の声を挙げるじゃろう。感心するじゃろう。

しかし、じゃ。そんな声を挙げるのは、しょせんは戦争の素人に過ぎぬ。

そんな勝利、〝勝とうとして勝った〟ものではない。たまたま結果が、運良く

〝勝ちになった〟に過ぎぬ。将の手柄ではない。

本当の名将とはな、事実は勝てるかどうか解《わか》らぬ状況下で、まるで「当たり前に勝ったかのように見える」勝ち方を、するものなのじゃ。そういう勝利こそ、将の最高の手柄なのじゃ。

動物の毛をつまんでヒョイと持ち上げて見せても、「力持ちだ」と誉められまい。夜空を見上げて「今夜は満月だ」と言ったとて、他人から「良い眼だなぁ」と感心されまい。空に雷が響いてきた時、どの方角から鳴ってきたのか当てても、他人に「良い耳だ」と驚かれることはあるまい。

その程度のこと、誰だって「出来て当たり前」じゃからの。誰もが、出来て当たり前と〝思っている〟からの。

名将が戦争に勝つとは、ちょうど、こんなものなのじゃ。

あたかも、動物の毛を持ち上げたが如《ごと》く、月の形を見分けたが如く、雷の方角を言い当てたが如く、出来て当たり前だったかのように、楽々と、何の苦労もなかったかのような顔をして、勝つ。だから世間も、何か拍子抜けした気分になって、「実際に、この戦争は楽だったんだろうなァ」と思う。それで、将の軍略に感心もしなければ、勇敢だと讃えることもない。

確かに、名将は、楽に戦争をやってのけるものなのじゃ。この点において、世間の目は間違っていないのじゃ。

ところが、じゃ。名将のスゴいところとは、戦争を始める前に、その戦争を「楽に勝てる戦争」に仕立てておくことじゃ。戦う前に、「自軍が楽に勝つ」ように戦争のお膳立てを整えておくのじゃ。だから、いざ戦いが始まれば、当然のように勝利を収められるのじゃ。

すなわち、戦いの前に、負けない軍形を完璧に仕上げておく。初めっから「負けることにはならない戦争」に、プロデュースしておくのじゃ。

これで、あとは敵の出方を待つ。敵の動きをつぶさに見ておれば、一度や二度は、必ず敵が隙を見せる瞬間がある。そのチャンスを逃さず、攻める。こうした戦い方をやれば、負けるわけがない。極端な話、「敵は初めから負けていた」とさえ言える。

つまり、じゃ。勝つべくして勝つ名将とは、戦いの前に、〝負けない見通し〟を十分につけておるものなのよ。

逆に言えば、負けるべくして負ける愚かな将とは、何の見通しもなく戦いを始めてしまい、始めてから勝つ手だてを探ろうとする。

「先は全然読めないが、アレコレ準備するのは面倒だ。とりあえず始めちまえ！」

なんて態度で、戦争に突入するわけじゃ。

こんな将ほど愚かな者はない。要するに、「自分にはきっと幸運が舞い込む」と全く根拠のない可能性に賭けて、戦争に挑む者じゃ。断言しよう。そういう将は、必ず負ける。

勝利に至る五段階

第一章で、戦い前に不可欠な「五事《ごじ》」について述べたのを、憶《おぼ》えておるか。名将とは、この五事を完璧に整え、そして、戦況に合わせて負けない軍形を、整える。だから、勝てるのじゃ。

名将の、勝ちに至る手順というものを、五段階で説いて進ぜよう。

これすなわち、一に「度《ど》」。二に「量《りょう》」。三に「数《すう》」。四に「称《しょう》」。そして五に「勝《しょう》」じゃ。

「度」とは、すなわち長さ・広さの計算。つまり、戦場の広さや地形を把握することじゃ。

「量」とは、分量の計算。その戦場に投入する兵力の大きさを、トータルで判断することじゃ。

ただ「多ければ多いほどよい」なんて単純な話ではないぞ。狭い戦場や、山の中で通路の入り組んだ戦場などでは、おのずと、その地のキャパシティというものが、ある。それを超えた兵力は、却って軍の動きを鈍《にぶ》くし、味方の足を引っ張ることにもなりかねんからの。

「数」とは、数値の分け方の判断。つまり、全軍における部隊編成じゃな。どんな部隊をどれくらい用意するか。戦車隊をどれくらい、弓隊をどれくらい、突撃用の兵士の部隊はどれくらい……と、軍の質、タイプを、戦場の地形や敵の状況に合わせて吟味するのじゃ。

そして「称」とは、軽重の判断。すなわち、戦場のどこに重点を置き、どんな部隊に重点を置くか。戦いのポイントとなる場所を見抜く。そして、戦いを左右する部隊がどれになるかを、見極めるのじゃ。

つまり、じゃ。この「度—量—数—称」の段階的な判断こそが、軍形を整えていく段取りというわけよ。そして、それを完璧に出来た時、「勝」が待っておるというわけよ。

一つ、念のため注意しておくとな、軍形を整えるということにあっては、常に慎重な姿勢、謙虚な気持ちを、忘れてはいかん。

この世は、何がどう転ぶか、解らぬ。百パーセント完璧な未来の予測など、人間には出来ぬ。

もちろん、戦争とて同じこと。何がどう起こって、それが、自軍の有利となるか、不利に働くか。いかな名将でも、そこまで全て見通せた戦いのシナリオなど、書けるわけがない。

したがって、じゃ。わしが先《せん》から言うておる「完璧な軍形」「負けない軍形」とは、正確に表すなら、「ひたすら完璧に近づけた軍形」「負けの可能性を果てしなく小さくしていった軍形」というわけじゃ。考えに考え、練りに練って、およそ〝人間の出し得る限りの知恵〟を出し尽くして作り上げる軍形のことじゃ。

そして、そんな軍形を作るためには、どこまでも慎重であらねばならぬのよ。「マァ、だいたい、こんなモンだろう」といった、いい加減な態度では、決して、わしがここで述べてきたような軍形は、作れぬ。

物の重さを調べる時、秤《はかり》に乗せる錘《おもり》が、あるじゃろう。あの錘は幾つかの種類に分かれておるが、その中に「鎰《いつ》」というのが、あるな。鎰は、二十両（三二〇グラム）の重量じゃ。一方で、「銖《しゅ》」という錘は、鎰よりグッと軽くて、わずかに一両の二十四分の一（〇・六七グラム）の重量しかない。

これでたとえるなら、勝つ将とは、鎰によって銖と戦うようなもの。負ける将とは、銖によって鎰と戦うようなものじゃ。鎰と銖は、四百八十倍もの重さの開きだ、ある。勝敗が軍形にて決した戦いの勝者と敗者には、慎重さに、これほどの開きがあったのだと言ってよい。

また、別のたとえをするとな、完璧な軍形が整えられた軍の戦いぶりというのは、水をいっぱいに溜めておいた堰《せき》を崩し、その水を谷底めがけて一気に落とすようなものじゃ。

たかが水と、誰もが初めは侮《あなど》る。が、いざ堰が切られれば、誰にも水の勢いを止められぬ。それと同じで、いざ戦いに突入すれば、その軍は、勝利に向かって一直線。その動きは、誰にも止められぬのじゃ。

軍形を整えるとは、まさに、そういうことなのじゃ。

……というところで、第四章も、おしまいじゃ。

これまた、人生における深い教訓として聞かれよう。

物事何でも、思ったとおりの成功に導きたいと願うなら、準備万端に整えて挑まねばならぬ。その心構えとは、「負けないようにする」すなわち、失敗の芽を初めから摘んでおく、ということじゃ。

このままでは、こういうミスをするかも知れぬ。こうしておいては、相手を怒らせるかも知れぬ。

――などといった〝つまずき〟を、あらかじめ予測する。そして、そうならぬように、一つひとつの〝ミス予測〟を吟味し、一つひとつの対処法を心がけておくのじゃ。

よく「結果オーライになりゃあ、いい」とか「運を天に任せてしまえ」などと言う者があるが、あれは、いかん。

確かに、「意外な幸運が舞い込んで成功した」といったことも、この世にはあるじゃろう。一方で、「十分な準備をしたのに、予想外のアクシデントのため失敗した」ということも、この世には、ままあるものよ。世の中、何がどう転ぶか、百パーセント絶対の予測など有り得ぬ。

だからレクチャーでも、完璧な軍形というヤツは、じつは「完璧に果てしなく近づけた軍形」なのだと、わしは説いたのじゃ。

それでもなお、やはり人間、物事にあたる前には、出来得る限り「ミスの回避」に努めておかねばならぬ。その心がけが、たとえアクシデントに見舞われても、その被害を最小限に抑えてくれる。決定的な大失敗の一歩手前で、踏みとどまれるのじゃ。


自分なりの軍形。自分が挑む物事にとっての「度─量─数─称」。それを、常に心がけることじゃ。

それがどんな状況下で行われ、どのくらいの日数やエネルギーを注がねばならぬか。どんな点が重要になるのか。誰が、キー・パーソンになるのか。

──といった、諸々《もろもろ》の判断じゃ。

何も準備をせぬまま力だけで押し切ろうとしても、そうそう成功はせぬ。世の中、そういうふうになっておる。

第五章

兵勢

正攻法と奇策はバランスよく使う

第五章、「兵勢《へいせい》」じゃ。すなわち、兵の勢い。いわば、軍が一丸となって敵に立ち向かうための〝心のエネルギー〟じゃ。

この〝勢い〟というヤツは、メンタル面の問題じゃからの。言い換えるなら、士気。あるいは、戦意。兵士たち一人ひとりの「やってやるゼ！」といった気分の高まりが、軍全体に勢いを呼ぶ。強いエネルギーとなって、敵にぶつかっていく。

優れた将は、兵士の士気を高めることが、うまいものよ。敵軍を正面ににらみ据えて、いよいよ戦いスタートの秒読み開始！　といった場面で、兵士たちを燃えたぎらせる。兵士が誰も彼も、弓や剣を握る拳《こぶし》に、ギュッと渾身の力を籠める。そんな緊張状態に、全軍の空気を持っていく。

ここで重要なことは、「高ぶった士気とは、軍全体で〝一つの固まり〟とならねばいかん」ということじゃ。

たとえば、一つの大軍の中で、こちらの部隊はやけに盛り上がっているけれど、あちらの部隊はどうにも白《しら》けている――といった場合。

あるいは、部隊のリーダーやその側近だけがヤル気満々で、兵士たちのほうは、そのリーダーたちを冷ややかに見とる――なんて場合。

または、同じ部隊の中に、やたら血気盛んで今にも勝手に飛び出しそうな兵がいる一方、後ろのほうでビクビクと逃げたがっている兵がいる――という場合。

……などといった状況では、本当の意味での兵勢は、生ぜぬ。

このように軍の中の気持ちがバラバラだと、たとえ、初めに一部の兵に勢いがあっても、それに内部から〝水を差す〟者が現れる。結局は、軍の一部にあったその勢いさえ、消えてしまう。そうなると、いよいよ戦闘開始といった土壇場で、すっかり勢いの衰えたヨレヨレの〝腑《ふ》抜けた空気〟が、軍全体に蔓延《まんえん》してしまうのじゃ。

少人数の小さな部隊なら、兵士一人ひとりの士気を均等に高めてやるのは、わりと簡単なのじゃ。将の声も全てのメンバーに均等に届くし、兵士たち個々が、互いの様子を、ごく近くで感じられる。そうなると、誰もが、

「よーしッ、隣のこいつがやる気だというなら、俺だって！」

といった気分になって、部隊全体がまとまり、ヒート・アップする。

ところが、これが、何万もの兵士を擁する大軍となると、難しい。

まず、将の声を軍の隅々まで均等に行き渡らせるということが、なかなか出来ぬ。

さらに、元来やる気のあまりない兵から見て、やる気満々の兵の一団があっても、それが遥《はる》か遠くに眺めるようなものだと、

「なにやら、ずっと向こうじゃあ、勝手に盛り上がってるなァ……」

とばかりに、まるで他人事の如《ごと》く傍観する態度に、なってしまう。

したがって、じゃ。大軍を少人数の部隊と同じように一丸として、均等な士気のもと戦わせるには、色々と工夫が必要となるのじゃ。

まずは、編成をよく工夫せねばならぬ。

兵勢とは、章の頭で述べたとおり、きわめてメンタルな問題じゃ。軍全体にそれを生じさせるためには、単純に部隊ごとの機能や能力だけで編成を考えるのではない。それにプラス・アルファとして、部隊それぞれの〝もともとのやる気〟を、判断材料とする。よく鑑《かんが》みることじゃ。

部隊長と兵士たちのチーム・ワークぶりとか、その部隊が持つ個性とか、兵士たちの出身地や徴兵前の職業とか、そうした要素も考慮に入れて、軍全体の編成を考えるのじゃ。それで、隣接した部隊どうしの競争心なり協調性なりが、うまい具合に働くようにせねばならぬ。

そこまで配慮して編成した軍となれば、どんなに大軍だとて、軍全体がうまく機能する。

どんな大軍でも、軍とは、一人ひとりの兵士・人間によって作られておる。その一人ひとりに心があるという事実を、将は忘れてはならぬ。

また、こうした大軍にあって、命令を迅速《じんそく》に伝え、これを淀《よど》みなくうまく動かすには、将がただ大声を挙げるだけでは、いかん。現実問題、どんなドでかい声だろうと、それが何万、何十万の大軍の隅々にまで響きわたるはずは、なかろう。だからと言って、いちいち伝令を使って命令をリレー式に伝えておっては、部隊の末端に命令が伝わるまでに時間が掛かりすぎる。敵と戦っている中で、そんな悠長なことはやっておられん。

というわけで、ここは、遠くからでも見える旗印を掲げたり鉦《かね》・太鼓を打ち鳴らしたりして命令を伝えるのが、堅実なやり方じゃ。要するに、一度にたくさんの人間が確認できるサインを、送るのじゃ。

だが、旗印にしろ鉦・太鼓の音にしろ、ごく単純なサインに過ぎぬ。文書と違って、いちいち事細かな内容を伝えることは、かなわぬ。どうしたって、「進め」とか「退《ひ》け」とか、そういった程度の〝大まかな命令〟しか伝えられぬ。

したがって、そんな大まかな命令だけでも、各部隊が〝十分に将の意を汲む〟ことが出来ねばならぬ。大まかな命令に込められた〝細かな状況判断〟というものを、全軍がとっさに理解できねばならぬ。

そのためには、さまざまなケースを想定した打ち合わせとシミュレーションが、事前に、軍全体で出来上がっておらねばならぬ。

大軍にあって兵士たち全員の士気を高め、全軍の隅々にまで勢いを持たせるためには、そこまで〝事前の配慮〟を周到にしておくことが、肝要なのじゃ。

そして、いよいよ全軍挙げて戦闘に突入となる。

軍に勢いをつけて、敵にぶつける。そして勝ちを確実に収める。このためには、将が「正攻法」と「奇策」をバランスよく使うことじゃ。そうでないと、せっかくの士気の高ぶりも、空回りに終わってしまう。

確かに、敵の正面から堂々と突っ込んでいく正攻法は、軍に勢いがあれば、そのエネルギーを十分に爆発させられるものじゃ。しかし、そんな正攻法をワン・パターンに繰り返してばかりだと、しまいには敵に見すかされて、易々とかわされてしまうようになる。それどころか、逆に足元をすくわれかねん。

だからと言って、さまざまな奇策ばかり弄《ろう》しておると、今度は味方の兵士たちの気分をじょじょに白けさせてしまう。せっかくの勢いが、じょじょに削《そ》がれていってしまうのじゃ。

「俺は正々堂々と戦いたいのに、我が軍は、敵の裏をかく小ズルい戦法ばかりじゃないか。将軍は、俺たちの力を信じていないのか！」

といったように、兵士たちが燃えておるところに、将のほうから水を差してしまうのじゃ。

よって、ある時は正攻法で存分に戦い、ある時は奇策をもって敵の裏をかく。こうして敵をだんだんと崩していき、最後には、敵の中心を、ピン・ポイントで叩く。こんなふうに正攻法と奇策を交互に繰り返して、畳み掛けていく。さすれば、ついには敵軍を見事に打ち破れる。

その暁《あかつき》には、固い石をタマゴにぶつけて一瞬で粉々に砕いたかのような、スカッと気分のいい大勝利を味わえよう。軍の気勢も、またさらに盛り上がろうというものよ。

名将は現場で奇策を生み出す

なに？　奇策など、そうポンポンと思いつけるものではない、と？　そんなに次から次へとアイディアが続かん、と？

フム。そんな心配をするのは、むしろ素人じゃ。

奇策というのはな、実戦を積んでいくにしたがって、次々と新しいアイディアが湧き出てくるようになる。戦っている中であればこそ、

「アッ、そうだ！　次はこうしてやろう」「オッ、敵はそう来たか。だったら、こ

こは、こう攻めていこう」

などと、色々と思いつける。戦いの前に会議の席で腕を組んでおった時には働かなかったアタマが、戦場という〝現場の空気〟に触れて、活発に動き出すものなのじゃ。

それが、名将の頭脳というものよ。

そうじゃな……。たとえるならば、天地だ万物を休みなく生み出し続けるように。大陸をわたるあの大河・黄河や揚子江《ようすこう》が、流れる水を永遠に尽きさせぬように。名将のアタマというのは、奇策のアイディアをドンドンと生み出すものなのじゃ。

名将は、一つの奇策を終えても、すぐ次の奇策を始められる。そのあざやかな連続性、陽が沈んだと思えば月が昇り、月が消えたと思えばまた陽の光が輝くが如し。

そして、たとえ一つの奇策が失敗しても、すぐ別の奇策を用いて、ミスを取り返す。一度や二度失敗したとて、それ如きで、「万策尽きたァ」などと天を仰いであきらめる、なんてことはしない。春夏秋冬、一つの季節が虚《むな》しく過ぎても、すぐ次の季節がやってくるように、決して失敗したままで終わることはない。

何故《なぜ》、名将は、そんなに新しい奇策を次々と生み出せるのか。

いや、じつは〝新しい奇策〟と申しても、毎回毎回〝全くのゼロ〟からアイディアをひねり出しておるわけではないのじゃ。奇策のパターンなど、実際には片手で指折り数えられるほどしか、ありはせぬ。

一つの戦場の地形の中で、一つの軍を率いて、同じ顔ぶれの兵たちを繰り返し用いるのじゃ。実行できるミッションなど、初めから限られておる。当然の話じゃろう。

しかし、考えてもみい。

我が中国で奏でられる無数の音曲は、「宮・商・角・徴・羽」といった、たった五つの音階によって、全て作られておる。……もっとも、遥か西方の碧眼《へきがん》の人々が暮らす国々では、「ド・レ・ミ・ファ……」とか言うて七段階に音階を分けておるらしいがの……。マァいずれにしろ、たったその程度の音階で、あらゆる音曲が無数に生み出されておる。

同じように、色といえば、本来「青・黄・赤・白・黒」の五色でしかない。だが、その組み合わせ・塗り合わせによって、この世はさまざまな色に彩られておる。

味といえば、人の舌が感じられるのは、しょせん「甘い・辛《から》い・酸っぱい・苦い・しょっぱい」の五種類でしかない。だが料理の歴史は、バリエーションが無限の如く次々と新たな料理を我々に提供し続けておる。

つまり、じゃ。戦場での策といったものは、守るにしても攻めるにしても、効果的なパターンなど、わずかなものに限定されたものでしかない。しかし、その組み合わせの工夫次第で、幾らでもバリエーションを広げられるのじゃ。

名将とは、そうして次々と新戦法を生み出すわけよ。

正攻法、奇策、また正攻法、さらに別の奇策……と、名将が〝演出〟する戦いぶりとは、まさに変幻自在。敵をジワジワと追いつめていくのじゃ。

そして、攻撃のどんな時も、タイミングを外さない。「ここぞ！」という時に、一挙に軍を動かす。ピン・ポイントで、瞬発力を爆発させる。

これが名将じゃ。

大雨などで増水して川の流れが、急に激しくなる時があるじゃろう。そんな時は、川底にドッシリと沈んでいた大石さえ、流れに押されて浮かび上がり、流されてしまう。勢いとは、そうしたものじゃ。

鷲《わし》は、獲物の小鳥を襲う時、羽で一気にそれを叩き潰す。鷲の羽といえども、しょせんは鳥の羽。ごく柔らかいものじゃ。しかし、それで獲物に一撃必殺の攻撃を食らわせられるのは、タイミングがドンピシャで、瞬発のパワーがすさまじいからじゃ。

名将の戦いぶりとは、そうしたイメージのものじゃ。別にたとえるなら、大きな機械仕掛けの弓で、敵軍に石を射ち込むようなものじゃな。

石をセットしたら、ギリギリと弦を引いて勢いをつける。そして敵に向かって、タイミングを外さず、石を発射！　その時の瞬発のパワーで、石はビュンッと、見事に飛んでいく。

こうした戦いぶりが、勝つ戦い方というものじゃ。

「勢いがバランスよくついている大軍」というものは、全軍の動きに無駄がなく、空回りしたり部分的に動きが滞《とどこお》ったりは、しない。一見すると、ただガヤガヤと乱れているだけのように見えて、じつは、全く乱れていない。また、ただグルグルと回っているだけのように見えて、じつは、綺麗《きれい》な円を描いているが如く、敵につけ入る隙《すき》を決して見せない。

これが「統率の取れた兵勢」というものじゃ。

そもそも、軍の乱れと統率。おびえと勇気。弱さと強さ。こうした差は、紙一重なのじゃ。

乱れるか統率が取れるかは、軍の編成で。兵士たちがおびえるか勇敢に戦うかは、戦場における軍の勢いで。弱くなるか強くなるかは、軍形で。それぞれ決まっていく。それらのちょっとした準備、工夫次第で、明暗が分かれる。

メリハリのある指揮で「集団としてのパワー」を導き出す

兵勢を自在に操れる名将となると、戦場で敵軍までも、我が意のままに動かすことさえ、出来る。

すなわち、敵に〝こちらの思いどおりのリアクション〟を、させられるのじゃ。

たとえば、敵を分散させたいと願えば、敵が思わず分散したくなるように、こちらの部隊をあちらこちらに出現させる。敵をおびき出したいと願うなら、敵が思わず飛び込んできたくなるように、わざと、こちらが弱まったかのように動いて見せる。

こんなふうにして敵を右往左往させ、敵がへばッてきたところを、待ちかまえていた本隊でバシンと叩く。これでフィニッシュ！――というわけじゃ。

ここまでの説明を、ちょっと〝見る角度〟を変えて言い換えるなら、すなわち、こうも言える。

戦争を勝利に導く名将とは、兵士の〝個人的な努力〟ばかりを、あまり当てにせん。兵士個々の〝自主性〟を、それほど頼みとしないのじゃ。

それよりも、軍全体の勢い、集団としてのパワーを、導き出すのじゃ。軍全体に勢いがつけば、個々の兵士たちもそれに〝乗って〟くる。一人ひとりに「戦え」と命じずとも、自然と勇敢に戦ってくれる。

マァ、良い意味で〝周りの雰囲気に乗せられて調子づいて〟くれるわけじゃ。

もちろん、そうした勢いを導き出すには、全軍に統率が取れてなくてはいかん。

全軍挙げての勢いがなくては、ならん。

そして全軍に、的確な指揮を与えねばならん。正攻法と奇策を、バランス良く指示する。言葉を換えると、「メリハリのある指揮」を部隊それぞれに、淀みなく与えることじゃ。

こうすれば、一見あっちこっちで勝手に戦っているように見える各部隊が、じつは一つの目的に向かって補いあい、無駄なく連携している——といった戦い方になる。このように大軍全体を動かせる将こそが、本当の「戦上手《いくさじょうず》」の名将というわけよ。

ここでまた、ちょっとしたたとえで表すとな、名将による軍の指揮ぶりとは、切り倒した巨木や大石をゴロゴロと動かすようなものじゃの。

巨木にしろ大石にしろ、平らかな地面に置いてあるあいだは、ピクリとも動かぬ。だが、地面がちょっと傾けば動き出す。

さらに、形がゴツゴツしている限りは、容易に転がっていかぬ。しかし、角やでっぱりが取れて、表面がなめらかになっていくにつれて、ゴロゴロと、気持ちよいように軽快に転がっていく。

名将の動かす軍とは、丸くなった大石、あるいは、枝葉をそぎ落として丸太となった巨木が、急斜面の坂を転がされるようなものじゃの。その動き。その勢い。激しくスピーディで、淀みなし。本体そのものはズッシリとしていながら、動きは軽やかで、それでいて力強い。

誰も簡単には行く手を阻《はば》めず、止められぬ。立ちふさがる者は、アッサリ跳ね飛ばされてしまう。

――と、敵に、そんなイメージを抱かせるのが、名将の生む兵勢というものよ。


……以上、第五章のレクチャーは、ここまでじゃ。

いかがだったかの？

今回の話からは、ふだんの暮らしの中でも「集団で何事かを為す」という時に大いに役立つ教えが、読み取れたろう。

人は、個人の才能やパワーを発揮して独りで何かを成し遂げることも、あるが、集団でもって、大きな仕事、難しいプロジェクトをやり遂げねばならぬ場合も、多い。

こうした〝集団での行動〟は、個々が勝手な思惑《おもわく》で動くだけでは、容易に目的は達せられぬ。そんな個人行動が寄り集まったとて、結局は何も仕上がらず、それぞれが「骨折り損のクタビレ儲け」で終わることに、なり易《やす》い。

そんな体験をした者も、この中には少なくないのではないかな？

集団行動には、その集団全体を包み込む勢いというものが、必要なのじゃ。そして、その勢いとは、リーダーの〝的確な指示〟が、集団全体に満遍なく伝わること。淀みなく、次から次へとリズミカルに伝わること。それが大切なのじゃ。

人間、周りの雰囲気が軽快に動いていれば、その流れに気分も乗せられて、仕事も調子よく、ズンズンと片づけていかれるものよ。しかし、いったんその流れが止まってしまうと、仕事の手も、やおらストップしてしまう。急に白けてしまったり、「後は何をすればいいんだ？」と迷ってしまったりする。

集団を動かすリーダーたる者は、そうした事態を生まぬよう、常に心がけねばならぬ。

「正攻法」としての地道な努力。「奇策」とも呼べる意外なアイディアや工夫。これらを、適時に組み立てるのじゃ。そして、集団のメンバーに割り振り、誰もが仕事に飽きたり行き詰まったりせぬよう配慮してやらねばならぬ。

確かに、なかなか大変なことじゃ。

しかし、人の世にあって人の世を動かす仕事とは、どうしたって「集団で成し遂げねばならぬもの」がほとんどだと、言ってよかろう。たとえば、わずか数人の親子の日常の暮らしでさえ、それはそれで〝集団で営む仕事〟とも呼べるのじゃ。

そんな人の世に生きる限り、誰もが、何らかの集団のリーダー的立場・中心となる役目を、生涯のうちに何度かは背負わされるものよ。

「俺は、リーダーだの中心人物だの、そんな責任の重いポジションは、ゴメンだ。死ぬまで、そんな立場には縁がないよ」

なんて、うそぶく者も、おるかの？　イヤイヤ、そうは行かぬのが、人の世じゃ。生涯、無人島で独り自給自足の暮らしでもせぬ限りは、きっと、何かの集団行動の中核を担うことが、ある。

だから、この「兵勢」のレクチャーは、誰にとっても、よくよく心の奥に納めておくべきものなのじゃよ。

今回も、しっかりと学ぶがよい。

休憩時間④

二人の孫子？

そもそも「子」とは、中国において、独自の学説を立てた人物を示す敬称の文字です。「孫子」という呼び名で伝わる人物は、その本名を「孫武《そんぶ》」といいます。

当時、まだ新興国だった「呉《ご》」の国王に見出された孫武（紀元前541～481年頃）は、国軍の将軍にまで抜擢され、周辺国との幾多の戦いを指揮しました。「呉」は、孫武の故国である「斉《せい》」とも対立していましたが、孫武に戦いの躊躇《ちゅうちょ》は、なかったようです。

そんな彼の著書が『孫子』ですが、ただ、古典とはすべからく書き写されることで後世に伝わりますから、その間に当然、後世の書き足しや、部分的な散逸《さんいつ》もあるわけです。

こんにち伝わる『孫子』にも、当時の時代考証と食い違う点などが見られ、そのため、「これは、孫武の兵法の後継者が後世に書いた書ではないか」といった推測も、長い間語られてきました。その〝後世の著者〟の第一候補は、孫武の子孫である兵法家の「孫臏《びん》」です。孫武より200年ほど後の人です。

ですがこんにちの中国史研究では、「著者はやはり孫武だろう」とする説が最有力です。

第六章

虚実

弱点を隠すより弱点の周囲をカバーする

第六章、「虚実」じゃ。

ここで言う「虚」とはすなわち、手薄で中身の脆《もろ》い軍勢。「実」とはすなわち、中身がしっかりと整っている軍勢を示す。当然、戦場では「実」となったほうが「虚」を叩き、容易に勝ちを得る。だから、自軍を「実」とし、一方で敵を「虚」とするのが、確実な勝利への道となるわけじゃ。

では、戦況をそういった状態に持っていくには、どうすればよいか。これより、その方法と心構えをレクチャーして進ぜよう。

まずは、もっとも重要な一つの真実がある。

およそ戦いの有利・不利は、戦端が開かれる〝始まりの一瞬〟の時には、ある程度は決まっておる——ということじゃ。

その戦場に先に到着して、敵がやってくるのを待ちかまえていたほうが、断然有利になるのじゃ。後から遅れてノコノコやってきたほうの軍は、すでにそこで、勝利の確率をかなり失っておる。

もちろん、先に戦場に着いたからといって、それだけで勝ったと思い込み、何もせずただボーッと敵を待っている——なんてことでは、何の有利にもならぬ。そんなタルんだ軍は、むしろ大敗を喫するであろう。

先に着いた軍が有利となれるのは、敵を迎える準備を整えられるという〝特権〟を、手に出来るからじゃ。戦場の地形・天候などの状況に合わせて、より戦い易《やす》い軍形を、こちらの思うとおりに用意しておけるのじゃ。

敵が戦場に着いた時、すでに自軍の配置が整っておれば、敵は〝それに合わせた戦い〟をするしか、なくなる。

たとえば、

「あの丘の上に、すでに相手の部隊がある。となれば、丘のすぐ下を進軍すれば、たちまち上から襲われる。このコースは、使えない」

とか、

「ここいら一帯の民家は、すでに相手の軍に買収されている。近在の住民から食糧などを調達することは、もはや出来ない。となれば、長期戦は無理だ」

などといった具合で、敵の戦い方の選択肢を、グンとせばめられる。

こうして、戦場のあらゆるポイントを事前に押さえておくことで、敵に「もはや、こう戦うしかない」といった〝限定された状況〟へと、初めから追い込んでしまえるのじゃ。

つまり、こちらのペースで戦いを進められる。敵を、有無を言わさずこちらのペースに引き込んでしまう。このようにして、「先制主導権」を十分に活用した軍は、戦いの初めから圧倒的に有利になれる。

敵とてバカではない。「不利な戦場に陥ってしまった」ということは、気づくじゃろう。だが、気づいていながら、どうしようもない。不利と解《わか》っていても戦わざるを得ない。

すなわちこれが、戦場のポイント・ポイントを我が軍の「実」として、敵を「虚」

とする手だての基本というわけよ。

敵に、不利と解っていながらこちらへ攻撃を仕掛けさせるためには、〝エサ〟をちらつかせることじゃ。

「負ける確率は高い。しかし、あの地点を奪えれば、形勢を逆転できる」と、敵が思うようなポイントにあって、わざと、わずかな隙《すき》などを見せたりする。こうしてやると、誰しも、ついつい、攻め込んでみたくなる。

「不利なのは解っているが、やってみたら、案外うまく行くのではないか」などと、考えてしまうのじゃ。

人間、不利に陥ると、目の前の事実を自分に都合よく〝拡大解釈〟してしまうものじゃ。ほんのわずかな可能性が見えただけで、「きっとうまく行くはずだ」と、思い込んでしまう。つまりは、願望と客観的な判断がゴチャ混ぜとなってしまうのじゃ。

だが、もちろん、現実はそんなに甘くない。これは、こちらが仕掛けた罠なのじゃ。敵はマンマとその罠にかかって、無謀な攻撃をしてきて、大敗を食らうというわけよ。

さて、この逆のパターンもある。

たとえ、実際にこちらの弱点が敵に知られた場合でも、敵が、なかなかそこを攻めてこないように持っていく方法じゃ。

いかな優れた将が戦場の先制主導権を握ったとて、弱点が全くゼロという鉄壁の軍形は、なかなか出来るものではない。そうそう理想どおりに行くものではない。

敵を待ちかまえるある拠点において、「どうにも、守り切るには少し兵力が心《こころ》許《もと》ない」とか「そこを安心して任せられる部隊がない」とか、現実にあっては、色々と不安のタネが出てくるものじゃ。

そういった自軍の弱点は、敵に知られずに済めば、それに越したことはない。しかし、敵とてバカではない。それなりに情報集めもするであろうし、戦況が長引けば、なかなか我が弱点を隠し通せるものでもない。

そんな場合は、無理に「弱点を隠す努力」をせんでも、よい。そんなことに労力を使っても、あまり意味がない。バレる時はバレるものじゃ。

したがって弱点を隠すより、〝弱点の周囲をカバーする〟ことに、力を入れるのじゃ。すなわち、

「この弱点を攻められたら、確かにこちらはその時は、敵に押されるだろう。一時的に〝負けの状態〟になるだろう。だが、タダではやられぬ。敵が我が弱点を攻めてきたら、こちらは、周りからその敵軍を攻撃するだけして、敵に大ダメージを食らわせてやる。敵は〝ほんの一時の勝利〟と引き替えに、大敗の道を、そこから歩むことになるのだ」

といった状態を、作っておくのじゃ。

敵がこれに気づかず攻めてくれば、我がほうの思うツボじゃ。一方、敵がこれに気づけば、いかに我がほうの弱点を見出したとて、なかなか手出しはしてこぬ。攻めてくることのメリットとデメリットを天秤《てんびん》に懸ければ、躊躇《ちゅうちょ》せざるを得ぬからな。

こうなると敵は、「攻めたい。でも、攻められない」といったジレンマに陥る。不満がたまり、ストレスがたまる。このやり方は、メンタル面において敵をジワジワと追いつめる効果まであるのじゃ。

ある時は、敵に「攻めたい」と思わせる罠を仕掛ける。ある時は、敵が「攻めたいけれど攻められない」と感じる状況を作って、敵をイライラさせる。

このやり方を心得ておれば、戦場にあって、いつでもどこでも、自軍を有利にしておけるのじゃ。敵は、安心感を失い、平常心を失い、戦場で常にイライラ、オドオドするようになる。やがては兵糧も心許なくなり、フィジカル面でも弱っていくことになろう。

戦場にあって、戦いの初めに先手を打てるほうは、このように万事に戦いを有利に持っていける。

まずは、敵の戦い方を限定させる。

さらに、その限定させた戦法に対しても、あらかじめ対応策を用意しておく。

敵は二進《にっち》も三進《さっち》も行かなくなって、ある時は、何も解らずマンマとこちらの罠に掛かり、ある時は、戦況を見極めたうえで何も手出し出来ぬまま、自滅していく。

これぞ、こちらが「実」となり、敵を「虚」とする極意じゃ。

もちろん戦いは、待ちかまえておるだけで済むものではない。こちらからも、ズンズン攻めて行かねばならぬ。

その際も、もちろん我《われ》が「実」となり、敵の「虚」を攻めるを、基本と心がけねばならぬ。

たとえ千里という遥か遠い道のりを進軍しても、敵の「虚」のコース、すなわち〝敵が手ごわくないコース〟を選んで進軍すれば、損害や消耗はかなり抑えられる。

敵との衝突が避けられない時でも、敵の「虚」、すなわち〝敵の手薄な所〟から攻めるようにすれば、必ず勝てる。

敵が攻撃を仕掛けてくる時でも、こちらが「実」、すなわち〝兵力が整い、簡単には打ち破られない状態〟でこれを迎えうてば、必ず守り切れる。

この心得を忘れぬ名将が率いる軍は、きっと勝利の栄冠をつかめるというわけじゃ。

戦いにあって常に先手を取るとは、すなわち、衝突するたびに自軍は「実」となり、敵を「虚」とすることを、意味するのじゃ。こうなると敵は、どう攻めればよいか解らず、どう守ればよいか解らず、精神的にも兵力のうえでも、どんどん追いつめられていく。

こうした状況が、戦争のあいだずっと続けば、敵はこちらを「神秘の力を発揮する、人智を超えた軍」とさえ、感ずるようになるじゃろう。

敵は、こちらの戦法が読めず、たとえ読めても手出しのしようがない。いわば、こちらを「見えぬ軍・聞こえぬ軍」と感じるようになる。常にプレッシャーを感じ、疑心暗鬼となる。こうなれば、敵の命運は、こちらがすっかり握ったも同然となる。

たとえ、何らかの事情でこちらが退却を余儀なくされたとしても、ここまで敵を追いつめておけば、敵は追ってこぬじゃろう。追おうと思えば追える状況でも、不安が先に立って追う意欲は持てぬであろう。こちらは悠々と退却してやれる。まさに、進むも退《ひ》くも、こちらの思いのままというわけじゃ。

戦いの先手を取る意味とは?

追いつめられた敵は、すっかり守りに入ってしまうかも知れぬ。城壁を高く築き、濠《ほり》を深く掘って、立てこもってしまうかも知れぬ。

だが、それでも、我がほうの有利が崩れることは、ない。双方の「虚実」の立場が入れ替わることは、ない。

そうなったら、こちらは無理にその城を攻めんでもよい。城を落とすのは、どんな将が指揮しても、少なくない犠牲が必ず出る。そんな犠牲をあえて出してまで城攻めをする必要は、ない。

それよりも、敵がその城から出てこざるを得なくしてやれば、よい。

すなわち、その城以外の重要拠点を、敵が立てこもっているのを幸いとばかりに、攻めまくってやれ。敵は、おのれらが立てこもっているあいだに城の周囲が次々とこちらに占拠されていくのを見せつけられて、焦《あせ》り出すじゃろう。結局は、耐えきれなくなって、城から出てくるじゃろう。

言ってみれば、敵を〝いぶり出す〟わけよ。そうなれば、こちらは敵の城外で、敵軍を待ちかまえ、叩きつぶすのみじゃ。城から大あわてで出てくる敵軍など、しょせんは「虚」の固まりに過ぎぬ。

一方、こちらが戦いをいったん休みたい時も、あるかも知れぬ。兵士たちの身体《からだ》を癒《いや》し、諸々《もろもろ》の補給をする時間を必要とすることも、あろう。

そんな場合でも、常に戦場で先手を取っていれば、何の心配もない。心置きなく休息を取れる。

わざわざ城壁を築いたり濠を掘ったりして〝休息する場をこしらえる〟手間を掛ける必要も、ない。「周りに囲いがなくては落ち着いて休めない」というのなら、せいぜい地面に線の一本も引いておけば、それで十分よ。

何故《なぜ》、そこまで無防備にして安心していられるのか。それは、こちらの休息の場が、敵にとって〝戦略ポイントとして全く無価値〟な所だからじゃ。敵が、そこを攻めても「何の意味も収穫もない」と思わざるを得ない所で、我が軍が休むからじゃ。

もちろん、こちらは端《はな》から〝そういった場所〟を選んで、休んでいるわけじゃ。戦場で常に先手を打てる軍は、そういった場所さえ自軍の占領地に出来る。そして、利用できる。

この時こちらは、すっかりくつろいで守りも手薄にしておるから、つまりは「虚」の状態とも言える。しかし、これは〝計算し尽くされた虚〟じゃ。敵が手出しをせぬことを見越した「虚」であって、ここでもやはり、戦いのイニシアチブはこちらが握っておる、というわけよ。

さらに戦場の「虚実」を、より有利なものとするためには、もう一歩進めた工夫も、ある。すなわち、「敵を『虚』に追い込む・敵が自ら『虚』となるように仕掛ける」といった工夫じゃ。

これは、情報戦の問題じゃ。心得るべきは、二点ある。

まず一つめ。敵軍にスパイを潜《もぐ》り込ませ、敵の兵力や敵将の考え、何より敵の軍形を、探り出すこと。

そして二つめ。敵には、こちらの実際の総兵力を絶対に知られぬよう、情報の漏れを徹底的にシャットアウトすること。敵のスパイ侵入を常にチェックし、万が一スパイに入られていても、こちらの情報を盗まれぬよう、情報は徹底的にガードすることじゃ。

こうした状況を作れば、敵は、こちらの兵力も意図もまるで読めず、不安を増大させる。こちらがどこから攻め込むのか、どのぐらいの兵力で攻め込むのか、まるで見当がつかない。的確な対処戦略を見出せないので、ビクビクし出す。

こうなると、人というのは哀れなものでな。「あれも守りたい。これも奪われたくない」とばかりに、現時点で持っておる陣地・占領地・資財などなどの一切がっさいを、全て守りたくなるのじゃ。大きな不安に襲われているからこそ、「少しでも自分の財を失いたくない」と、激しい欲がわいてくるのじゃ。

すると、どうするか。手持ちの兵力を、あらゆる陣地・拠点に振り分けて、分散させてしまうのじゃ。

だが、この判断がいかに愚かなものか、ちょっと冷静になって考えてみれば、すぐに解ろう。

兵力を分散させれば、一つひとつの拠点の兵力は、当然小さくなる。弱くなる。たとえば、十カ所の拠点に兵力を振り分ければ、それぞれの箇所は、総兵力の十分の一の力でしかなくなる。

こうなれば、こちらは楽なものよ。敵と十回の交戦をせねばならぬ〝数の面倒さ〟こそあるものの、その一回一回は、じつに楽勝できる。

こちらは毎回、総力をあげて、次々に〝弱い敵〟をヒネリ潰《つぶ》していくだけじゃ。敵が、ごていねいにも〝弱くなって、順番に潰されるのを待ってくれている〟ようなものじゃからの。

言ってみれば、敵を〝一つの「実」〟から〝十コの「虚」〟に仕立てるわけじゃ。

もちろん、敵とて多少の冷静さをキープしておる場合も、あろう。それでもやはり、こちらの出方が全く見えなければ、拠点の重要度に応じて、兵力を分散せざるを得ぬ。

たとえば、前方が重要となれば前方には主力を置く。右の陣が大切と思われれば、右の守りを厚くする。

ということは、じゃな。当然、前方に力を入れるだけ、後方は手薄となる。右が堅固になるだけ、左は脆くなる。

だったら、こちらは、まず後方を攻める。まず、左の敵陣を叩く。敵の弱くなっている部分から潰すのじゃ。

これまた、楽な戦いとなろう。こちらの損害・犠牲は少なく、敵に大打撃を食らう。結果として、全体的な戦局は、こちらがそれまで以上に有利となる、というわけよ。

こうした場合、敵の立場になってみれば、

「しかたがない。最重要の拠点だけは守りをしっかり固めよう。他の所を攻められたら、それはあきらめよう」

と〝開き直り〟の姿勢になったほうが、ずっと賢明なわけじゃがの。しかし、不安に駆られた人間というのは、その〝賢明な判断〟が出来なくなってしまうものよ。

戦いの先手を取るとは、これほどに大きな意味がある。価値がある。

すなわち「こちらの都合のよい戦いの場所や時を、敵に押し付けてやれる」のじゃ。そして「敵を自在に『虚』として、常に有利に戦える」のじゃ。

敵にしてみれば、自らが「虚」となったことに気づいても、万事は〝後の祭り〟よ。小さく分散し、それぞれが孤立した〝細切《こま》れの弱い軍〟となって、互いを救い合うことも出来ず、負けていくのよ。

たとえ戦場が国から千里と離れた遠い地であったとしても、先手を取った軍は、余裕で戦局を進められる。常に戦いの損害少なく、国に助けを求める必要も、ほとんど発生しないからの。

わしは、ここでハッキリこう言いたい。

すなわち、兵力の大きい国・軍事力の強大な国が、常に戦争に強いというわけではない。敵がいかに大きくとも、こちらが必ず不利となるわけではない。

大兵力の敵と刃《やいば》を交えるとなったら、敵がその兵力を生かせぬように手を打つ。いきなり真っ正面からぶつかるなど、してはいかん。敵を〝強大な一つの「実」〟のままにしておいては、いかん。

敵が、強大な一つの「実」ならば、それを〝幾つもの「虚」〟へと、変えてしまえ。そうすれば必ず勝てる。

そのためには、自軍と敵軍の内実を、よく知って、正しく比較する。敵にさまざまな誘いを掛けて、ある時は罠に落とし、ある時は反応を観察して次の戦いの参考資料とする。

敵の状況・軍形をよく調べ、一方で、こちらの状況は絶対にバレぬよう細心の注意を払う。

敵が兵力を分散せざるを得ないように、戦局を進める。

戦場の地形や現地民間人を、常に〝こちらが利用できるもの〟として、早め早めに確保する。

――と、マァ、こうしたことを心がけ、よく努めることじゃ。

その根本は、とにかく「先手を取って、戦いの流れをこちらが握る」ことよ。すなわち〝初めの主導権〟を我がものとすることよ。

勝つためには軽やかに形を変える

こうした戦場の「虚実」についてトコトン考え、そして〝究極の「実」の軍〟の姿を求めた時、それはどのようなものとなるか。

突き詰めていけば、それは「無形」となる。すなわち、「究極の『実』とは形無し」という結論になる。

……おっと。案の定《あんじょう》、皆、怪訝《けげん》な顔つきじゃのう。マァ、この説明だけではピンと来ないのも、無理からぬじゃろうて。

「形が無い」というのはな、より正しく表すなら、「初めから決まった形・ずっと同じままでいる形などでは、無い！」ということなのじゃよ。

言い換えるなら、将が決して一つの軍形にこだわらないで、瞬時にどうにでも形を変える軍。これこそが、究極の「実」の軍、すなわち〝絶対に「虚」の部分を生じさせない軍〟というわけじゃよ。

これは、将の心構えばかりの問題ではない。兵士の一人ひとりが、そのための強い自覚と能力を持っておらねばならぬ。そのための訓練を、ふだんから積んでおらねばならぬ。

すなわち、将の命令一下で、全軍の各部隊が、アッと言う間に移動し、編成を変えられる。「軍形変更」の命令がくだされるや、末端の兵士に至るまでが即座に反応できる迅速さ・軽やかさを、備えている。

これぞ、軍の究極の「実」の姿というものよ。

こうした軍は、たとえ敵のスパイに潜り込まれ、軍の情報を盗まれたとしても、ほとんど影響を受けぬ。何故なら、敵スパイにこちらの軍形が暴《あば》かれたとしても、即座に、その軍形を変えてしまうことが出来る。編成から配置から、アレヨアレヨという間に軍形の変更を果たせる。

敵スパイが苦労して盗んだ情報など、アッサリと無駄なものにしてやれるのじゃ。

敵は、スパイの情報をもとに、こちらの「虚」を攻めるつもりで、進撃してくるじゃろう。だがこちらは、敵が攻めてくる地点に即座に部隊を集結させ、敵がつっこんできたところをボコボコに叩いてやれるのじゃ。敵は、「話が違う！」とばかりに、大あわてとなるじゃろう。

こうなると、敵にどれほど知恵の優れた参謀がいたとしても、恐れることはない。敵は、スパイの情報が当てに出来ぬわけじゃからの。どうあっても有効なミッションが立てられぬ、というわけじゃ。

敵の動きに応じて、スピーディに変幻自在に、こちらは形を変える。直前まで「虚」であった部分を、一瞬で「実」へと変えられる。こうなれば事実上、我が軍は、敵から見て「常に『虚』が見出せない相手」ということになろう。

敵や、戦争を外から眺めている第三者は、口を揃えて言うじゃろう。「何故、あの軍はいつでも勝てるのだろう。何故、負けることがないのだろう。何故『虚』の部分がないのだろう」と。

それほどに他者に見抜かれぬ変幻自在ぶりを備えることが、究極の「実」というわけよ。

そして、この究極の「実」を可能とする軍は、あらゆる戦局に合わせて、ありとあらゆる勝ち方をする。同じパターンの戦い方などは、決して繰り返さぬ。したがって、同じ敵と何度戦っても、必ず勝つ。敵に、こちらの手を見すかされるというヘマは、決してやらぬ。

マァ、たとえるなら、究極の「実」を備えた最強の軍とは、「水」みたいなものよ。

水は、高き所から低き所へ流れる。最強の軍も、敵の「実」の部分は速《すみ》やかに避け、敵の「虚」の部分に集中して襲いかかる。

水は、地形に合わせて、難なく流れの向きを変える。最強の軍も、敵の動きに合わせて、戦い方を即座に変更できる。

水に決まった形はない。最強の軍にも、固定した軍形は、ない。したがって、つい先ほどまで「虚」であった部分も、一瞬で「実」へと変えられる。

これほどに戦局を自由自在に操り、常に有利であり続ける軍ならば、人はそれをして、「神業《かみわざ》」とも讃えるじゃろう。

この世を構成する「五行《ごぎょう》」すなわち「木《き》・火《ひ》・土《つち》・金《かね》・水《みず》」は、いずれも、制する相手があり、制される相手がある。水は火に、火は金に、金は木に、木は土に、土は水に勝る。

この如く、敵が水となれば、こちらは土となる。土となれば木となり、木となれば金となる。金となれば火となり、火となれば水となるのじゃ。すなわち、常に敵の動きを見越し、先手を取って、こちらが有利であり続けることじゃ。

春夏秋冬、季節は変わる。太陽は、照る時間が日によって違う。月も、日によって満ち欠けを見せる。この世の大自然にさえ、いつもずっと同じ形でいるものなど、ない。戦いに挑む軍もまた、それに倣《なら》わねばならぬというわけじゃよ。

……と、この章の教えは、ここまでじゃ。

解るかの。

人の世にもまた、常に有利・不利の関係がある。私とあなた。我と彼。人間関係とは、決して単純なフィフティ・フィフティのものではない。

どんなに対等に見えたとしても、じつは常に、どちらかが上となり、どちらかが下となっている。ごく微妙な差が、あるいははっきりとした格差が、必ずあるものなのじゃ。

そこで自分が有利になりたければ、上の立場になりたければ、常に相手のスキルをよく観察し、相手の心を見極め、それを見越して先手を打つことじゃ。その努力を怠らないことじゃ。

だが、いったんは有利になれたとしても、その立場は決して永遠不変ではない。有利な者・上の者は、常に相手を超える努力・工夫を、継続せねばならぬ。そうでなければ、その地位は保たれぬ。

逆に言えば、その時その場では不利な者・下の者でも、相手を超える努力をすれば、立場を逆転させるチャンスが、きっとある。取られた先手を取り返すチャンスが、きっと見出せる。

・いずれにせよ、自分の地位・立場・ポジションが永遠に安泰だと思い込んで、あぐらをかいておるような者は、決して長続きせぬものよ。

絶対に「虚」のない人間など、いるはずがないからの。すなわち、隙や弱点のない人間など、いるはずがない。それにも気づかずノホホンとしておる者は、いつか必ず、その隙や弱点を突かれて、追い落とされるのよ。

おのれの「虚実」を知ること。相手の「虚実」を知ること。

おのれの「虚」を速やかに「実」に変えること。相手の「実」を認め、相手の「虚」を利用すること。

人間関係、変幻自在じゃ。努力と工夫でどうにでもなる。……と、マァ、そういうことじゃ。

休憩時間⑤

孫武のエピソード（その１）

孫武《そんぶ》にまつわる、いかにも彼らしいエピソードが、こんにちにも伝わっています。じつに壮絶な話です。

孫武が、「呉《ご》」の王に仕えてほどなくの頃です。王が、半ば冗談の気楽な気持ちで、孫武の腕前を試そうと思いました。城にいる180人の女官を兵士に見立て、これを指揮して見せてくれ、と言い出したのです。

孫武は命じられるまま、宮殿前の庭に彼女らを一堂に集めました。そして、これを二グループに分けました。つまり、二つの部隊を編成し、それを競わせる模擬戦の形で動かそうというわけです。

孫武は、それぞれの部隊長として、王の第二夫人と第三夫人を指名しました。そして二人に、女官たちを従わせるサポート役を頼んだのです。こうして、急ごしらえの、じつに〝華やかな軍隊〟が出来ました。

そこまでは、良かったのです。ところが、孫武が「前へ！」「右へ！」と大声で号令をかけても、女官たちはクスクス笑うばかりで、一向に動こうとしません。部隊長の任にある二人の王妃も同様で、ただニヤニヤと、孫武をからかうように笑顔を見せているだけです。誰もが、冗談の余興のつもりだったのです。

（156ページへ続く）

第七章

軍争

速いほうが得でも、ただ急げばいいというものではない

ようやく折り返し地点まで来たのぉ。このたびのレクチャー全十三章の真ん中、第七章じゃ。

タイトルは、「軍争《ぐんそう》」となっておる。すぐには、ちょっと意味の量《はか》りかねる言葉かの。

言うまでもなく、戦争とは、軍隊どうしがぶつかり合い、戦い争うもの。では、何故《なぜ》戦うのか。これまた言うまでもない。勝つためじゃ。

では、なぜ勝ちを求める？　もちろん決まっておる。ズバリ、勝った者は〝利益〟を得られるからじゃ。誰もが、自らの利益を求めて、戦争に参加するのじゃ。すなわち「軍争」とは、

「軍が、そして兵士一人ひとりが〝利益のために戦っている〟のだ」

という、当たり前すぎるくらい当たり前の真実を表した言葉じゃ。ここでは、その真実を再確認する。そして、その真実から派生する諸々《もろもろ》の現象・出来事について、考えてみる。

それによって、何が見えてくるか。じつに重要なことが、解《わか》ってくるぞ。

いよいよ戦争が始まる。開戦が決まった。

――と、国中に、こうしたお触れが出た時、国民は何を思うか。

「この戦争の勝利の果てに大きな利益がある。勝てばきっと、今より暮らしが良くなる」

と、国民はそう思う。あるいは、そう願う。なればこそ、気持ちを高ぶらせ、おのれの闘志に火を点《つ》ける。

逆に言うとな。国民にそう思ってもらえない開戦だったら、その戦争は〝初めか

ら過《あやま》ち〟なのよ。

開戦もせぬうちに国民に真っ向から反対される戦争などは、国のリーダーのわがままに過ぎぬ。そんな戦争、国民が本気になってくれるわけもなく、大方はボロ負けする。

戦争には、大きなリスクが伴う。国民の日常生活・財産、そして命までも、犠牲とせねばならぬ。それでいながら、その戦争が国民に〝苦労や犠牲に見合うだけの利益〟を保証できぬものだったとしたら、誰が協力などするものか！ 開戦の決定とは、国民にそれ相当のメリットを約束する責任が、伴うのじゃ。まずは、それを忘れてはいかん。

さて、とにもかくにも開戦が決まったら、軍を率いる将は、命令を国の君主より正式に受ける。それからいよいよ、軍を召集し、国民を徴兵して、編成を整える。こうして、敵が待つ戦場へ向かって「さぁ、出発！」ということになる。

さぁ、ここで、たいていの者が見落とす真実が、ある。

この戦場に向かって進む進軍が「すでに戦いなのだ」ということよ。戦場へと歩む一歩一歩が、もうそれだけで戦いなのじゃ。

つまり、じゃな。自軍も、また敵軍も、兵士一人ひとりの一歩一歩が〝利益を求めた争い〟となっておる。そして、ここで前の章のレクチャーを思い出すが、よい。戦争は常に先手必勝。先に戦場に着いたほうにこそ、勝利の高い確率が与えられる。

だから、少しでも敵より速く進もう。戦場へ少しでも早く到着しよう。そういった〝競争の状態〟に、すでに入っておる。言い方を換えると、戦場へ向かう進軍とは、まさしく「速い者ほど利益を得られる争い」なのじゃ。

となれば、進むコースは遠回り・回り道を避けて、少しでも近道を選ぶべきじゃ。無駄な時間を浪費せぬよう、進軍のタイム・スケジュールに細心の注意を払うべきじゃ。

こうした配慮に思いの届かぬボンクラの将は、いかに強い軍を率いたとて、その実力を生かせぬまま負けるであろう。「猫に小判」とは、このことよ。

戦場への進軍が、すでに戦いに突入している以上、この時点で敵の動きを探知せねばならぬ。戦いには絶対に「敵とおのれの比較」が必要だとは、ここまで口をスッパくして、わしが教えてきたことじゃろう。

したがって、敵の進み具合というものを、進軍中ずっとチェックする気配りが、必要じゃ。先乗りのスパイを放つのじゃ。

敵は現在どこまで来ているのか。どんなコースを進んでいるのか。あと何日くらいで両軍の衝突する戦場へ、着きそうなのか。

——と、こうした情報を進軍中も得続けねばならぬ。そして、もし敵のほうが有利な状況だったなら、何らかの手を打たねばならぬ。

たとえば、敵が、このままのペースでスムーズに進めばこちらより早く到着しそうだ、となったなら、そのペースを落とす何らかのミッションを仕掛けるべきじゃ。

敵を足止めさせる。スピードを落とさせる。遠回りさせる。そういった効果を生み出す謀《はか》りごとを、仕掛けるのじゃ。その謀りごとを仕掛けるチームを特別に編成して、先乗りさせるのじゃ。

戦争とは、先ほどから再三言っとるように「利益を求める争い」じゃからの。進軍中の敵の目の前に〝何らかの利益〟をぶら下げて、それで釣ってしまうのが、よい。

「少しくらい到着が遅れたとて、コイツは見過ごせぬ。見逃すのは惜しい！」

と、敵に思わせる罠を用意する。その罠は、与えるダメージは弱くともよい。それより「引っかかったら最後なかなか動けない」といった性質のものが、よい。もちろん、出来るならば進軍中の敵をストレートに攻撃して、その歩みを遅らせても、よい。この場合、目的は「敵を壊滅させること」にあるのではない。あくまでも「遅らせること」にあるわけじゃからな。その目的が達成できる程度の戦力を、先に行かせるだけでよい。

あるいは、敵が遠回りを選ばざるを得ない状況に、追い込むのもよい。敵の行く手を遮《さえぎ》るものをコース上に置くとか、敵に「そのまま進んだら危ない」と思わせる事態を発生させるとか、やり方は色々とある。

マァ、たとえば、橋を落としておくなんてのは、典型的な方法じゃのぉ。または、敵の休息予定の村に先回りして村長を買収しておいたり、「その村に伝染病が流行《はや》っている」といったデマの情報をリークしたり……と、具体的な方策はケース・バイ・ケースじゃ。敵の規模や進軍のペースを正しく調べ、それに合わせて知恵を働かせるがよい。

ああ、それから……な。言うまでもないながら、敵より少しでも早く戦場へ到着するためには、自軍の進軍ペースを速める工夫も、当然に必要なことじゃ。

これは、ただ「急げ、急げ」と全軍にハッパを掛けたとて、それだけでかなうものではない。どうあがこうと、人は馬のようには走れぬからの。

進むべきコースをよく見定めて、軍の歩みが無理なく速くなるようにすることじゃ。たとえば、直線距離にして短いコースだとて高低が激しければ、進むのは困難となる。兵士たちは疲れて、スピードが遅くなる。そうしたコースは、避けるわけじゃ。

このようにして、遠回りや出遅れのデメリットを、自在に操作する。敵には巧妙にこれを与え、自軍においてはこれをカバーする。これをして「迂直《うちょく》の計《けい》」という。

将たる者、ただ戦闘指揮がうまいだけでは、いかん。この「迂直の計」をよく心得ている者こそ、真に優れた将と呼べる。

戦いに勝ち、利益を手にする軍と将は「風林火山」?

さて、「軍争」すなわち「戦争にあって利益を求めて争う状況」というヤツは、じつは「自軍と敵軍のあいだの争い」ばかりとも限らぬ。この点、並の将だと見落としがちの、大きな問題点なのじゃ。

その状況は、自軍の中でも、味方どうしのあいだでも、見られることなのじゃ。すなわち、先陣争い・功名争いというヤツよ。すなわち、ストレートに〝大きな利益〟につながる。当然、それぞれの部隊が、一人ひとりの兵士が、手柄を狙う。功名を争う。おのれ独りが手柄を立てたいと、欲する。となれば、周りの味方を出し抜こうとする。

ここにおいて、「味方どうしの軍争」という状況が生じるわけじゃ。

国どうしの戦争となれば、「村どうしの水争い」なんてのとは、ワケが違う。参加する兵力の規模たるや、大変なものじゃ。十万、二十万の兵力が、まるで河のように長く大きな列を成して、戦場に向かって進軍する。

これだけのものがゾロゾロ・タラタラとピクニック気分で歩いておったら、とてもではないが、敵より先に戦場に着くなど出来ぬ。だが、だからと言って、ここで将が「早く着けば有利となって、誰もが手柄を立て易《やす》くなるぞ」などと、軍争の気分を煽《あお》るようなセリフを言っては、いかん。

そんなことをすれば、たちまちに進軍の列は乱れに乱れて、ついには全軍がパニック状態となるのじゃ。そして、戦場に着く前に大惨事となるぞ。

どんな惨事が起こるかというとな。兵士たちが皆、「自分だけ早く着きたい」といった欲に駆られて、ペース配分も考えず、やたらと急ぎ出すのじゃ。歩兵の部隊などは装備が少ない分、身軽じゃからの。その気になれば、一挙に進軍スピードを上げられる。彼らは、周りを置き去りにして、自分たちだけがサッサと先へ行ってしまう。

言うまでもなく、軍の編成というのは、さまざまな部隊がある。馬に引かせる戦車の部隊がある。投石機など、やたら重くて運ぶのがホネの大型兵器を、エッチラオッチラ運ぶ部隊がある。大量の食糧を荷車に乗せ、牛に引かせて進む部隊がある。当然、それぞれ歩みのスピードが、おのずから違っておる。

だから、一部の部隊が急にスピードを上げると、遅くしか進めぬ部隊は、置いてけぼりを食ってしまう。

まずは、食糧運びの部隊が置いていかれ、孤立してしまうじゃろう。次には、兵器や諸々の軍備を運搬する部隊が、遥か後方になってしまうじゃろう。進軍の列はバラバラとなり、大混乱じゃ。

人間、焦《あせ》り出すと冷静さがフッ飛んでしまうものじゃからの。歩兵たちは「我先に」とばかりに、それでも歩みのスピードを上げる。ついには走り出す始末じゃ。「早く着けば、有利に戦える。手柄を立てられる。褒賞にありつける」と、その想いだけで頭がいっぱいになっておるのじゃ。こうなるとモォ、同じ部隊の戦友どうしでさえ、競争相手となってしまう。すぐ隣の者がスピードを上げて走れば、「俺だって」とばかりに焦り、自分もスピードを上げる。しまいには、部隊を挙げての大マラソン大会となってしまう。

激しく走れば、身に着けた鎧《よろい》がガチャガチャとジャマになり出す。すると彼らは、鎧を脱いで、丸めて担いで走る。昼も夜も走りに走り続け、身体がバテバテになっても構わず、走る。

こんな状況に陥ったら、わずかに百里（中国の一里は、約七〇〇メートル弱）程度の進軍であっても、全軍の編成は崩れてしまう。各部隊は孤立し、各部隊の部隊長たちは、次々に敵の捕虜となってしまうじゃろう。兵士たちは、戦う前に体力の限界で、ほとんどが落伍する。使いモノになる兵など、よっぽど屈強の、せいぜい全軍の十分の一ほどの者しか残っておらぬであろうの。

これが、たとえ五十里の行程でも、全軍の兵士の半分は、戦場に着いた時点で体力を使い果たしておるじゃろうな。三十里であっても、三分の一は疲れで役に立たぬであろう。

ましてや、こうなった時点で、食糧運搬の部隊は、ずっと後方に置き去りじゃ。人も馬も、食うモノがなくては力を出せぬ。兵士たちは、敵とにらみ合っている場で、疲れ果て、弓も満足に引けず、剣も満足に振るえぬ。ボコ負けじゃの。

これが「軍争が自軍内部で最悪の形で生じた状態」じゃ。

兵士一人ひとりが軍争の意識を持つことは、その戦いぶりを勇敢にし、全軍のパワーの源となる。戦場にあって、褒賞を欲して手柄を求めることは、決して悪いことではない。

しかし、敵とぶつかる前の進軍の中で、こうした〝行き過ぎの先陣争い・功名争い〟が発生してしまうと、軍はバラバラとなり、戦わずして大惨事となるのじゃ。

では、兵士たちの軍争のエネルギーを進軍などで無駄に消耗させないためには、どうすればよいか。

戦場に向かう行程では、いたずらに兵士たちの功名心を煽ったりせず、粛々《しゅくしゅく》と進めることじゃ。それでいて、確実に進軍のスピードを上げ、敵より先に到着することじゃ。本当に優れた将ならば、その工夫が出来る。

大切なことはな、その工夫を為すタイミングよ。

その工夫は、軍が国から実際に出発する前に、済ませておかねばならぬ。遅きに失しては、いかん。

要は、根回しと先乗りの調査じゃ。

一つには、敵の周辺国との外交をしっかりやっておくこと。周辺国の思惑《おもわく》・動向を知り、出来れば味方となってもらう。そうして敵軍の進軍のジャマをしてもらったり、自軍の進軍をフォローしてもらう約束を取り付ける。

二つには、戦場までのコースの地勢を、十分に調査しておくこと。どこに山林があり、どこに河があるのか。どこが険《けわ》しく、どこが進み易いのか。よく知っておくこと。

そして三つには、道案内をしてくれる現地の人間を、確保しておくこと。その土地土地の様子や抜け道などは、長年住み暮らしている現地の者しか知らぬ。そうした人間を見つけ、カネを払っておいて、協力の契約を取り付けておくのじゃ。

——と、こうした工作を事前に済ませておけば、戦場へ全軍を速《すみ》やかに進めさせられるというわけよ。

こうして戦場へ全軍を無事に着かせたならば、あとは、全力を挙げて戦うだけじゃ。将の仕事は、ここからがメインとなる。存分に腕を振るってもらいたい。各部隊の部隊長たちや兵士たちの功名争いも、適度に励まし煽ることで、士気を盛り上げるのじゃ。そして、戦いの中で軍の編成を臨機応変に変え、的確な戦力で、敵の部隊を一つひとつ撃破していく。チャンスは決して見逃さず、絶好のタイミングをつかんで、敵の利を奪う。

そうじゃなぁ……。ここで一つ、総括として言ってみるならば、じゃ。

戦いに勝ち、戦いのあらゆる利益を手にする軍と、その将とは……。

ある時は、動きの疾《はや》きこと風の如《ごと》く、

ある時は、静かにしのび寄っていくこと林の如く、

ある時は、激しく攻めたてること火の如く、

ある時は、泰然と辛抱してジッと敵をうかがうこと山の如く、

ある時は、敵に全く姿を見せぬこと闇の如く、

ある時は、突然現れて攻撃すること雷《いかずち》の如し。

これぞ、最強の軍の条件よ。

さらに、最強の軍の将たる者、敵と刃《やいば》を交えることだけに心奪われては、いかん。

食糧を、戦地の広範囲に求めて兵士たちの飢えを常に満たす。勝利で得られた占領地は、その土地の利点や活用方法を的確に調べ上げる。そうして、公平にして無駄なく、そこを任せるに適した部隊に、任せる。

——と、このように戦いの前後に生じる状況にも応じて、兵をうまく動かし、速やかに処理するものなのじゃ。

マァ、これもまた、「その地の利点を知り、それに合わせて的確に事を処す」という意味で、「迂直の計」の一種と言えるかのぉ。

また、「軍争」の心、すなわち〝戦いに利益を求めて発奮する心〟は、個人によって程度の差というものが、ある。戦場では、ガムシャラに大暴れして大手柄を立てたいと躍起《やっき》になる兵士もいれば、「何はなくとも命あってのモノ種だ」とばかりに、後ろのほうにビクビクと隠れる兵士も、おる。

そうした〝程度の違い〟を、そのままにしておいては、全軍の統率が取れぬ。ある者は待機命令を我慢できずに突っ走り、ある者は突撃命令を拒《こば》んで、グズグズと動かない。これまた、軍の乱れにつながる。

戦いは、全軍が一致結束した大きな流れに乗らねば、いかん。そのためには全軍を率いる将の命令が全軍・全部隊に、速やかに伝わらねばいかん。

そのための具体的な手として「鉦《かね》・太鼓を響かせ、旗を掲げて、どこからでも解《わか》る合図を生かせ」とは、すでに前のレクチャーで教えたとおりじゃ。

そして、こうした「全軍にあまねく送れる合図」には、今申したような〝軍争の程度の差による乱れ〟を抑える効果も、あるのじゃ。

トップから下る命令が末端の兵士にまで確実に伝われば、さすがに、自分勝手な振る舞いは誰しも躊躇《ちゅうちょ》する。「抜け駆けしよう」とか「逃げ出そう」とか、思っても出来ぬものじゃ。

集団行動の中でスタンド・プレーに走る者の心理とはな、それが〝何となく正当化できる〟時にこそ、やってしまうものなのよ。上からの命令がアヤフヤだと、

「俺の個人行動は、ルール違反でも過ちでもないはずだ」と、末端の者が自分に都合よく解釈する〝隙〟が生じてしまう。それで、暴走する者が出てくるというわけよ。

全軍を率いる将は、したがって味方どうしの〝軍争による乱れ〟を回避するためにも、合図を的確に使うことじゃ。

アァ、それからついでに、もう一つ教えておくとな。夜間に軍を動かすには、合図として、松明《たいまつ》や焚火を使うことじゃ。旗では暗くて見えぬからの、当たり前の話。

で、昼間の旗にしろ、夜間の火の合図にしろ、これらは敵軍からも見えるものじゃ。したがって、合図の意味を敵に簡単に気取《けど》られぬように、これらは巧妙な暗号でなければならん。

さらには、こうした「見える合図」は、敵を惑わすのにも使える。旗なり松明なりを、必要以上にやたらたくさん掲げると、敵には、こちらの兵力が実際よりグンと大きく感じられる。敵を威嚇してビビらせる効果が、あるのじゃ。

マァ、「ただの虚仮威《こけおど》し」と言われれば、それまでじゃがの。敵軍の中にも、こちらの旗の数の多さを見て「フン、見栄を張りおって」と、冷静にバカにしてくるヤツも、おるじゃろう。

だが、人間たくさんいれば、これで十分に騙《だま》される者も、中にはおる。敵軍の中のそうした連中がビビって騒ぎ出せば、敵軍の乱れにつながる。軍が乱れれば、敵将は焦り出し、冷静に指揮を取れなくなる。

すなわち、敵の兵士の〝やる気〟を奪い、敵の将の〝落ち着き〟を、奪う。これで敵は、実力の三分も出せなくなる。

こちらにとっては、儲けモノというわけよ。

人間は自分の利益を求めて戦うものである

この章のテーマは「軍争」、すなわち〝戦いに挑む心の問題〟を説いておるわけじゃが、この説明を総括すると、ある四つのキーワードに行き着くのじゃ。

すなわち「気《き》・心《こころ》・力《ちから》・変《へん》」じゃ。

人の気力は、朝に鋭く生き生きとし、昼になるにつれて鈍《にぶ》り、夜には衰える。もちろん、そうした時間帯に限らず状況によっても、変わる。名将は、敵の兵の気力を見抜く。そして、それが鈍り衰えている時を攻める。

人の心は、落ち着く時もあれば焦る時もある。冷静さを保つ時と失う時が、ある。名将は、敵の心が焦り冷静さを欠いている時をして、攻めるチャンスとする。

人の体力は、すぐ近くに移動するだけなら保たれ、遠くまで行けば疲れる。作業が楽なら力は保たれ、作業がきついと消耗する。しっかり食えば回復し、食わぬとますます衰える。名将は、敵の体力を状況によって知り、これが下がったところを攻める。

そして人は、気力・心・体力が充実している時は、自信タップリで堂々としている。そんな時は、実力以上の力を発揮する。

したがって名将は、敵が堂々としている時は、これをバカ正直に真っ正面から迎えうったり、しない。直接攻撃を選ばない。

敵に何と言われようと、コソコソと動き、奇策をもって少し攻めては、逃げる。そうやって敵をじょじょに弱らせる。これすなわち、「直《ちょく》ではなく変の戦い」というわけじゃ。

——と、以上「気・心・力・変」の四ポイントを、敵・味方双方の軍にあってどうなっているか、見抜き、活用する。これが、すなわち「敵・味方の軍争を操る」

という意味にもなり、自軍を勝利へと導く心得となるのじゃ。

戦場にある者は、敵も味方も全て、おのおの「軍争」を心に燃やし、戦っているのじゃ。すなわち、戦いの果てに利益を求め、その利益があればこそ、戦っておるのじゃ。

言い換えるならば、戦場には、「損得抜きで何の思惑も持たず、ただ命じられるままに戦っているだけ」の〝ロボットのような兵〟など、一人としておらぬ。

この事実を、将は忘れてはいかん。

たとえば、丘の上に陣を張って動かぬ敵は、「動かぬほうが得だ」と考えているから動かぬのよ。すなわち、こちらが攻め登れば容易に上から潰せる、と思っているから、動かぬのよ。その誘いに乗ってはいかん。

戦場にあって〝逃げ出すという行為〟は、「戦いで得られるはずの利益を捨てる」ことを意味する。誰もが、そんなこと好んでするはずがない。

それでも敵が逃げ出したなら、そこには、相当の理由があるはずじゃ。あるいは、それは罠かも知れぬ。調子に乗ってこちらが追いかけたところを、隠れていた敵の別動隊が襲いかかってくるのかも知れぬ。

あるいは、本気で逃げ出したとしたなら、よっぽどの〝帰国せねばならぬ理由〟が、敵にあるのじゃろう。「目先の利益のために戦場にとどまっている場合ではない」といった〝よほどの事情〟に、駆られているのかも知れぬ。

だったら、その敵は、逃げることに必死となっておる。そうした敵は、深追いするな。

マァ、「生き物の〝帰巣《きそう》本能のパワー〟の恐ろしさ」とでも、言うところかのお。そうした敵を追いかけると、「ジャマをするなーっ！」とばかりに、ものスゴい力を発揮して、こちらを蹴散らそうとしてくるぞ。

なにしろ、こういう敵は〝軍争を放棄している〟わけじゃからの。損得抜きで、ただ逃げるだけを考えておる。コイツは怖いぞ。

俗に「窮鼠《きゆうそ》、猫を噛む」のたとえも、あろう。手出しをすれば、こちらがつまらぬ怪我《けが》をする。

敵が逃げ出したなら、それはそれで、放っておけばよい。それこそ、その土地の権益も資財も、戦場の利益はそのままそっくり、こちらに残る。こちらの軍争に影響はないのじゃからの。

――と、この章のレクチャーは、こんなところかの。

「戦いに挑む者は皆、自分にとっての利益、自分にとっての収穫を求めておるのだ」といった真実を、ここでは再確認したわけじゃ。

この真実はもちろん、人の世のいかなる場面にも存在する。まさに、普遍の真実じゃ。それでいて、人がつい忘れがちの真実じゃ。

人間とは、他人のことが解らぬものでな。自分が何かを欲し、求めるのは当たり前なのに、「他人もまたそうなのだ」とは認識できておらぬことが、多い。

人がチームを組んで何かの共同作業を為す時など、そうした問題が、よく現れるものじゃ。

共同作業の中で、自分は何かの利益を得るつもりなのに、他の仲間もそうだとは、思いが行かぬ。隣で作業している仲間を「何も求めず、ただ協力してくれているだけ」などと、錯覚してしまう。やがてその錯覚が高じると、仲間を「自分に都合よく動いてくれる道具」か何かのように、いつしか感じ始めてしまう。

こういった心理状態は、困りモノじゃ。こうなると、仲間の行動が自分の利益に結びつかなければ、それがまるで「理不尽な裏切り」か何かのように、思えてしまう。互いが互いに不満をつのらせ、それぞれ自分勝手な主張をし出す。衝突して、大モメにもめ出す。

軍争の乱れた軍と同じじゃの。

人は、おのれの利益を求めて行動する。当たり前の話じゃ。この真実をまず認め合わねば、ならん。そうでなければ、決して良き人間関係は構築できん。良き成果につながる良き協力関係というものは、成り立たぬ。

……と、マァ、そういったわけよ。

休憩時間⑥

孫武のエピソード（その２）

そこにいる誰もが、愉快そうに笑っている中、孫武《そんぶ》だけが厳しい表情で、こう演説をしました。

「皆さん。軍とは、現場を指揮する将の命令を聞かねばなりません。それを聞かぬ兵は重大な罪であり、厳罰に処せられます、首を刎《は》ねられるのです」

しかし、女官たちはますますはしゃいだ笑い声をあげるばかりです。二人の王妃も何もしようとしません。

すると孫武は、かたわらの警備兵に、「二人の王妃を縛り上げよ」と命じました。

警備兵が命じられるまま王妃たちを縛って連れてくると、孫武はきっぱりと言いました。

「お二人の首、即刻刎ねよ！」

軍にあって、部隊の罪は部隊長が負うべきものである。孫武は、兵法のこの原則を、実践したのです。

王があわてて止めに入りました。が、孫武は聞き入れません。王たる者、軍の現場は将に任せて口出ししてはならぬ。――と、これまた兵法の鉄則なのです。

哀れな二つの断末魔の叫びが響き、血しぶきが飛びました。女官たちは皆、青ざめ、次からの孫武の号令に一糸乱れず従ったといいます。

（175ページへ続く）

第八章

九変

常識にとらわれず、可能性を考慮せよ

第八章、「九変《きゅうへん》」じゃ。

変わったタイトルじゃろう。

これは、その言葉どおり単純に「九つに変わる」という意味ではないぞ。「九は数の極《きょく》なり」とも言う。すなわち、数にこだわらず「ありとあらゆる変化を為すべし」という意味を込めて、こういうタイトルを設けたのじゃ。

何がどう、ありとあらゆる変化を為すべきなのか。

それはな……、戦争における軍の在《あ》り様《よう》。将の心構え。兵士の覚悟……。要するに〝戦いに関わるあらゆる存在〟が、時と場合によって変わるのをやぶさかにせぬ、ということじゃ。

説明が漠然として、まだちょっと解《わか》りづらいようじゃの。

つまり、な。「軍とはこうあるべき」「将とはこうあるべき」「兵士とはこうあるべき」といった〝固定されたイメージ〟というのが、あるじゃろう。もっと露骨に言うと、「定められた形」あるいは「マニュアルに示された形」というものが、あるじゃろう。だが、いざ戦場に出たら、こうした〝形〟には必ずしもこだわり通さなくて、よい。状況に合わせてドシドシと積極的に変化を求めるべし――ということじゃよ。

では今回も、戦争の状況に則《のっと》って、この「九変」の意義を説いて進ぜよう。

さて、いよいよ開戦となれば、将は君主からの命令に従って各部隊を整え、軍を率いて戦地へと遠征する。自軍・敵軍の双方が戦場へ着いたらまずは、しばしのにらみ合いとなる。やがて頃合を見計らって、いよいよ激突となるわけじゃ。

で、戦争というものは、どう転がるにせよ、まさか数分や数時間足らずで済むものではない。どんな短期決戦でも、数日は掛かる。ましてや長期戦となれば、その戦場で片がつくまでに数カ月から一年以上という場合さえ、あろう。

となれば当然、宿営地を設けねばならぬ。

軍議を行うにしろ、休息を取るにしろ、何も敷かず何も囲わず地ベタにベタッと座ったり横になったり、というわけにはいかん。テントを張るわけじゃ。

そこで問題なのが、この宿営地と定める場所をどう選ぶか、じゃ。

長逗留《ながとうりゅう》を覚悟すれば、戦地での日々を少しでも安楽にしたいと、誰しも願う。それで、水の確保とか気候のこととかを配慮して、たとえば、山が近くて木々に囲まれた所とか、河のそばとか、そんな自然の恵みを得易《やす》い地点を選ぶ。マァ、いわば〝キャンプの常識〟じゃ。

だが、ここが思案のしどころよ。戦場によっては、必ずしも「過ごし易さ」だけを基準に宿営地を決めては、いかんのじゃ。これからの戦い・敵との交戦において、どのようなミッションを立て、どのように部隊を動かして戦うか。これからの戦略をシミュレーションした上で、宿営地を決めねばならぬ。

実際、「ふだん過ごすには良いけれど、戦略上ちょっと不便だ」といった地点が、わりと有り得るのじゃ。そんな所にテントを張ってしまうと、後々の戦いで苦労する。

　状況によっては、「戦略的には良いポイントだ。しかし休息場所としては最悪だ」という厄介な所に、あえてテントを張ったほうが良い場合だって、あるのじゃ。「宿営地を決める」といった、ごく簡単な判断にしても、キャンプの常識にしばられず、色々な可能性を考慮せよ――ということじゃ。こういう姿勢が、いわゆる「九変の心得」というものじゃ。

　また、戦場にあっては、外部との通信・交通が容易であることが、肝要じゃ。本国との連絡を取り持つ通信兵が行き来したり、荷物の運搬をしたりするためのルートの確保は、絶対条件じゃ。

　で、そうしたルートが、たとえば他国の勢力圏内にあったとしても、それで、簡単にあきらめてはいかん。かと言って、「何がなんでも、そのルートを我がものとしてやる」とばかりに、その他国と開戦の火蓋を切って〝戦争相手を増やす〟のも、考えモノじゃ。

　そうした場合、その他国に、平身低頭《へいしんていとう》頼み込んで国交を結ぶという手も、アリじゃ。下げたくない頭を下げて、「そのルートを〝使わせていただく許し〟を得られればOKだ」と、それぐらいの〝おおらかさ〟を持つのが、良かろう。それで、無駄な犠牲を出さずに交通の要所が利用できるならば、結果として問題ないではないか。

軍人にはプライドがあらねばならぬ。「プライドを守ってこそ軍人」といった〝心の定め〟が、あるものよ。が、その定めをあえて変えて、プライドをいったん捨てることも、時と場合によっては必要というわけよ。

そして、そうした交渉がうまく行かず、どうあってもその交通ルートが使えぬとなったなら、その時こそ、あきらめろ。その宿営ポイントが、どれほど過ごすに快適であろうと、どれほど戦略上有利であろうと、通信・交通の不便さを免《まぬか》れぬとしたなら、そこに留《とど》まるのは賢くない。

戦場にあっては、「あきらめ切れなくても、あきらめるしかない」といった状況に立たされる場合も、ある。そうした時にサッと気持ちを切り替えられる者が、最後まで生き延びられる。

その一方で、な。戦いの転び方によっては、決してあきらめず後先考えないでガムシャラに戦ったほうが良い、といった場合だって、ある。

クールさを捨て、プライドを捨て、それこそ、こちらが「窮鼠《きゅうそ》、猫を噛む」のネズミになるわけじゃ。あえて、そうなる道を選ぶわけじゃ。

たとえば、四方を険《けわ》しい山や谷で囲まれた袋小路へと追いつめられてしまった場合。あるいは、兵力差において絶体絶命のピンチに陥ってしまった場合。そんな時は、ただモォ必死に戦う。ガムシャラに剣を振るう。

そこまでガムシャラになれると、な。ふつうなら〝無駄な悪あがき〟と思えるような戦いぶりでも、やってみたら、結構うまく行くものなのよ。その窮地を脱出できるものなのよ。

俗に「火事場のバカぢから」のたとえも、あろう。追いつめられた人間があえて冷静さを捨てると、そこで〝常識〟では考えられないパワーを発揮するものじゃ。心の中にふだん掛かっているリミッターが、解除されて爆発するということなのじゃろう。

だから「こうなったら〝常識的〟に考えて、もうダメだ」といった時でも、あきらめぬことじゃ。常識に〝しばられぬ〟ことじゃ。

いざという時にそうなれる人間が、いよいよの死地にあっても、それをかい潜《くぐ》って生き延びられるのよ。

解るか。

要するに、戦場では「こうすべきだ」とか「こういうものだ」とか「こうするしかない」とかいった〝定まったこと〟は、ない！　そう心得て、あらゆる〝定め〟にしばられぬのが、すなわち「九変」というわけよ。

もちろん、優れた兵法とは、言い換えれば「戦場の良きマニュアル」じゃからの。その意味で、たいていの場合は、マニュアルどおりでよろしい。マニュアルを的確に応用できる者こそ、良き将であり、良き兵士じゃ。

しかし、物事、何でも臨機応変。融通を利かさねばならぬ。「マニュアルに反したほうがうまく行く」という場合だって、現実にはあるというわけよ。

したがって、道があるからといって、必ずしも進まねばならぬわけではない。

敵が目の前にいるからといって、必ずしも戦わねばならぬということは、ない。

敵の城があるからといって、必ずしも攻め落とさねば勝てぬということは、ない。

戦略上の重要ポイントと見えても、そこを「絶対に占領しなければ」と、決めつける必要はない。

本国からの主君命令であっても、現場の判断で「無理だ」と思えば、従う必要はない。

――と・こうした〝常識にとらわれない態度〟を、いざとなれば取れる者こそが、すなわち「九変」を知る者であり、いついかなる場においても勝ち残れる者なのじゃ。

良き〝現場の責任者〟になれる将なのじゃ。

物事には必ずメリットとデメリットがある

こうした臨機応変の判断力と決断力を持てぬ将は、どれほど状況を正しく読み取る眼力を持っていても、負ける時はアッサリ負ける。

戦局を見つめ、

「なるほど。今、敵はこうなっていて、味方はこうなっているのか」

と正しく了解できたとしても、それで自軍の不利が見えてしまった時、九変を心

得ぬ将ならば、

「ああ、これはダメだ。ふつうに考えて負けの確率が大だ。あきらめよう」

と、なってしまう。

だが、九変を知る者なら、

「……ならば、常識外れかも知れぬが、こんなミッションはどうだろうか……」

と、色々なアイディアを引き出せるのよ。

不思議と言うべきか当然と評すべきか……、ベテランの将ほど、九変を知らぬ者が多いようじゃの。悪い意味で「先を読んでしまう」ということかの。「Aとなったら、Bとなるに決まっている」と、決めつけてしまうのじゃな。

発想力が、長い経験のために、却《かえ》って狭められているのじゃろう。言ってみれば、アタマに〝柔らかさ〟がない。「たいていはそうなってきた。だから、今回もそうなるに決まっている」と、思い込んでしまう。

「意外な工夫で、CやDにもなるかも知れない」

といった〝幅のある想定〟が出来ないのじゃな。

こうした将は、平和な時の国内での働きぶりなど〝日常〟では立派なものじゃ。

が、いざ〝非日常的な状況〟に追い込まれると、あまり活躍できぬ。戦争など、早い話「非日常状態の連続」じゃからの。こういう人物は、使えるようで使えん。

だいたい、物事というのは、何にせよ必ずメリットとデメリットの両方を備えておる。

利の面と害の面、二つの面を持っておる。

九変を知らぬ者ほど、この真実が理解できておらぬ。アタマが堅くて、目に見える一面でしか、物事の意義を判断せぬ。

どれほどメリットが大きく予想できる「有利な展開」であっても、そこにはきっと、何がしかのデメリットがひそんでおる。逆もまた然《しか》り。どれほどデメリットばかりが目立つ「不利な状況」にあっても、あえて挑《いど》むことで、何がしかのメリットを手に入れられるものよ。

いずれにせよ物事は、チャレンジもせずに〝百パーセント絶対の結果〟を先読みするなど、出来るものではない。「メリットが大きく見えるから成功するに決まっている」「デメリットのほうが大きそうだから失敗するに決まっている」などという〝決めつけ〟は、まさに、九変を知らぬ愚か者の発想じゃ。

「いや、まさかこんな結果になろうとは……」

といったセリフが思わず口をついて出たことは、誰しも体験があろう。この時のセリフのトーンが、メリットばかりに気を取られて油断した者だと、暗く沈んだものとなる。一見デメリットしか見えぬ状況で、それでも果敢に挑んだ者は、明るく弾んだものになる。

――と、いうわけよ。

だから、なのじゃ。優れた将は常に、戦いの推移に対して、そのメリットとデメリットの両方を見極めんとする。いつも戦場に鋭い視線を向けておる。緊張をもって〝見えていない一面〟を、観察しておる。

戦場においては、いかに不利であっても、あきらめるな。九変の心をもって事態に挑めば、きっと光明が見出せる。その事態に〝埋もれているメリットの芽〟を掘り出せる手が、きっとある。その芽を伸ばす工夫が、きっとあるはずじゃ。

もちろん、逆もまた真なり。いかに有利な立場となっても、決して慢心するな。油断するな。九変の心を忘れず事態を見つめれば、必ずどこかに意外な〝デメリットの落とし穴〟があるのに気づくはずじゃ。落ちる前に、それを避ける手を打てるはずじゃ。

さらに、将が、部下や外交相手の国に対する時は、この「メリットとデメリット」を示し、活用することじゃ。

言うことを聞かず反抗する者には、デメリットをもって処する。すなわち「お前の損になるぞ」と諭《さと》し、あるいは、もう一歩進めて「お前に損をさせるぞ」と脅せば、よい。

厳罰、報復、見せしめ……。勝ちたければ、こうした酷《むご》い処置も、時と場合によっては躊躇《ちゅうちょ》なく断行せよ！「我が手をいっさい汚さず八方美人のままで勝利を収めたい」など、ムシがよすぎる話じゃ。

こちらへの協力や働きの鈍い者には、メリットとデメリットの両方をもって諭す。すなわち「頑張ってくれたら、こんなに得があるぞ。でも、もし裏切ったら必ずこんな損になるぞ」と、相手を納得させてやるのじゃ。そうすれば誰しも、得心《とくしん》ずくで我が軍のために骨を折ってくれるようになる。

そして、こちらに協力するかどうか迷っている相手には、メリットをちらつかせて誘い込めば、よい。「こちらにつければ、これほどの利益が転がりこむのだぞ」

と、メリットの面を、徹底して強調するのじゃ。

もちろん、先ほど述べたとおり、物事なんでも利害の両面がある。だが、この場合はデメリットの心配など吹っ飛んでしまうぐらいに、ひたすらメリットの大きさを強調することじゃ。「こちらにつけば大儲けだぞ」と、相手の気分を乗せてやることじゃ。相手をワクワクさせることじゃ。

これは、嘘や詐欺《さぎ》ではない。相手に示すメリットそのものは、正真正銘、実際に生ずる利益なのじゃからな。つまりは「損得の得の部分だけ」を威勢よく示してやって、相手の気分を前向きにしてやるというわけよ。


だが、戦いにあって軍を動かす際には、メリットに過度に期待しては、いかん。メリットもデメリットも、あくまでも〝可能性〟の問題じゃ。先々に生ずることじゃ。である以上は、どれほど確かと思われても、それを〝百パーセント絶対確実なこと〟と決めつけるものではない。九変を忘れぬことじゃ。

敵をどれほど窮地に追いつめても、「これでもう大丈夫」などと高《たか》を括《くく》っては、いかん。自軍の守りをしっかりと固め、守りに自信を持ててこそ、「大丈夫」というセリフが言えるのじゃ。

敵が攻めてくるか、こないのか。それは、敵の決めること。こちらが決めつけられる問題ではない。「敵が攻めてこない」という展開を当てにするのではない。「敵が攻めてきても守りきれる」という我が自信を、頼みとするのじゃ。

「棚からボタ餅」などということは、まず〝無いもの〟として考えよ。メリットとは、「何もせず当てにする」のではない。こちらの働きかけによって、生み出し、あるいは、引き込むものじゃ。

そのためにこそ、どんな状況にも柔軟に対処する「九変の心」が大切なのよ。

使いモノにならないリーダーの五タイプ

さらに、この「九変の心」とは、また別の表現を用いるなら「一つの発想にこだわらない心」とも言えよう。

何にせよ一つの考えに固執する者は、たいてい、それゆえのミスを犯す。それでいて、反省しない。自分の固執を「絶対に正しい」と思い込んでおるからじゃ。

「だって、それが俺の信念だもの」

と言い訳するヤツは、まだマシじゃ。

「だって、そもそも、そういうものだろう！　しかたないじゃないか！」

と言い張るヤカラは、どうしようもない。自分の固執・こだわりに過ぎぬものを、まるで〝宇宙の真理〟か何かのように決めつけておるのじゃからのぉ。まさに、九変を全く知らぬ、全く知ろうとせぬ者よ。


戦場にあっては、こういった困りモノの将は、五つのタイプに分かれる。

「ひたすら死を覚悟して立派に戦え」と、戦場で〝必死〟にこだわる将は、アッサリと敵に討ち取られ易い。こういうのは慎重さを持たぬから、隙《すき》だらけなのじゃ。

「生き延びることが一番大事だ」とばかりに、戦場で〝生き残り〟にこだわる将は、敵に捕らえられ捕虜となることが、多い。戦況がちょっと不利になれば、アッサリ白旗を揚げるからの。

「戦いは気合いだ！」とばかりに、やたらと〝闘志〟を燃やす将は、敵にちょっと煽《あお》られたり、からかわれたりするだけで、アッサリと敵の罠にはまる。戦場で大切な冷静さというものを、初めから自分で捨てているようなものだからの。

「戦いは正々堂々でなければ」などと、あまりに〝潔癖〟で理想主義に過ぎる将は、ちょっと侮辱《ぶじょく》の言葉を浴びせられると、たちまちに怒り出す。そして強引な戦いをやって、敵に足元をすくわれる。こういうタイプは、プライドを守りたい一心だけで、じつは思慮が浅いからの。「部下への愛情が第一だ」などと、人並以上に〝情に脆《もろ》い〟将は、戦闘をマトモにする前に、食糧不足や暑さ・寒さで兵士たちがちょいと苦労しているのを見るや、アッサリと戦線を放棄してしまう。こんなタイプは、そもそも軍人には向かぬ。戦争とは、国の命運を懸けたもの。戦線に出征している兵士たちの何倍、何百倍もの国民の人生が、その勝敗に掛かっておる。その事実を、目の前の兵のちょっと辛《つら》そうな顔を見ただけで忘れてしまうような男は、愚か者以外の何者でもない。

これら五タイプの将は、他にどれほどの長所があろうとも、どれほど君主に可愛がられていようとも、戦争を指揮する者としては全く使いモノにならぬ。この〝五つのこだわり〟は、将としてあまりに致命的じゃ。

当然、こんなヤカラは九変の意義というものを、これっぽっちも理解できておらぬ。あらゆる戦略や戦術の優劣を、現実の効果で計るのではなく、おのれの信念に合っているかどうかで計ってしまうからの。

こんな者が軍を率いた日には、必ずや大敗する。無論、当人も長生き出来まい。

……と、最後は少し辛辣《しんらつ》な言葉で締めくくったがの。この章のレクチャーは、ここまでじゃ。

今回も、勉強になったじゃろう。

マニュアル。世間の常識。ルール。伝統の型。世の流れ。さらには「ふつう」と呼ばれる出来事。そして、個人の信念……。

この人の世には、「こうあるべきだ」と決められた、あるいは人が決めた〝定め〟というものが、幾らでも存在する。あるいは、「ふつうはこうだ」「たいていこうなる」といった〝常識的な予測〟というものが、ある。

そして人々は、それらを守り、それらに合わせて、日々を平穏に暮らしておる。

そういった意味で〝定め〟や〝常識〟というのは、至極《しごく》便利なものじゃ。

だが、長い人生、何が起こるか解らぬ。そうした定めに則ったやり方では、どうにも打開できぬ突発的な事件に出くわしてしまうことだって、ある。

そうした時、「九変」の心得が、その者の意識の隅にあるかどうか。そこが〝生き延びられるかどうか〟の別れ道じゃ。

九変を知らぬ者は、そのまま失敗の道を歩んで悔やむ。あるいは、「これが俺の信念なんだから」と、無理矢理に自分を納得させる。

自分の信念を貫き、あえて滅びの道を選ぶのも、結構じゃろう。それが本心からの覚悟ならばな。だが、そんな覚悟、少なくともわしは、偉いとは思わぬな。

失敗は失敗じゃ。滅べば終わりじゃ。

九変の心を知らぬ者は、やはり愚か者よ。

……と、わしは思うぞ。わしは、な。

休憩時間⑦

孫武のエピソード（その3）

この「孫子、主君の后《きさき》を斬る」のエピソードは、孫子の兵法家としての強い信念を、伝えるものです。

そもそも王の提案も、ほんの座興のつもりだったわけですし、集められた王妃や女官たちも、そうした王の気持ちを察していたから、冗談に付き合うつもりで、気楽にふざけていたわけです。もちろん孫武《そんぶ》にしても、それは百も承知だったでしょう。

しかし、孫武はここで、兵法の厳しさ、そして、自分の兵法に対する真剣な取り組みを、主君に解《わか》ってもらうため、あえてここまで徹底した非情な措置をとったわけです。

また、こうすることで「呉《ご》」の王が怒ることなく、むしろ自分の信念をはっきり理解してくれると信じていたればこそ、これほど思い切った行動に出られたわけです。孫武の「人を見る眼力」の確かさも、このエピソードからは読み取れます。

確かに、二人の〝何の罪もない女性〟を斬り殺すのは、残虐な行為です。ですが「孫子の兵法」は、勝利のためならそこまで非情に徹することも必要だと、訴えているのです。

第九章

行軍

有利なポジション取りを忘れるな

第九章、「行軍《こうぐん》」じゃ。

この章で言う「行軍」とは、いわゆる、軍の遠征の意味ではない。まさに敵と向き合った時の、軍の進め方・動かし方のことじゃ。

敵と遭遇した時、真っ正面から「全軍、突撃いッ！」などと、いきなり号令を掛けるのは、よっぽど脳ミソの足らぬ将のやることじゃからの。まずは、我が布陣をどうするか。そして次には、その陣をどう動かすか。よくよく考えねばならぬ。

さて、言うまでもないながら、戦場とは、スポーツ競技用のフィールドなどとは、わけが違う。ただダダっ広いだけの平地などでは、決してない。山あり谷あり、河あり森あり……と、あらゆる自然の景観が見られる。

したがって、それら自然のさまざまな〝空間の形態〟を知り、そこをたくみに動いて、敵に対さねばならぬ。

山地にあっては出来る限り、谷沿いに軍を進める。無理矢理に山を登るといった厳しいコースは、選んではいかん。何故《なぜ》か。兵士たちのスタミナを無駄に消耗せぬためじゃ。

そして、敵と遭遇した時にこそ、そこで一気に山を登り、高所を我が陣とする。そして、そこから敵を眼下に攻める。何しろ攻撃は、高所の側が必ず有利となるからの。

だから、逆に、敵に高所を取られてこれをこちらが登りながら攻めるというのは、いただけぬ。どうしたって被害甚大となるぞ。

次は、河を挟んで敵と相対した場合じゃ。

人間、水の中をジャブジャブと進むこと自体、慣れた動きではないからの。当然、動きが緩慢《かんまん》となり、隙《すき》が出来易《やす》くなる。

したがって、こちらが河を渡る場合は、渡ったらすぐに川岸から離れよ。兵士それぞれが、渡り切った者から順次、速《すみ》やかにその場を離れるのじゃ。

全員が渡り切るのを待って、それから川岸で隊列を整えて……なんて、悠長なことをやっておっては、いかん。敵の弓の良い的《まと》になるだけじゃ。

逆に、敵が河を渡るのをこちらが待ちかまえる場合は、これをあえて、しばらく待つのじゃ。そして、敵軍がだいたい半分ほど河を渡り切ったと見届けたら、これを攻撃せよ。

この時点で、敵の残り半分は、まだ水の中でジャブジャブやっておるわけじゃからの。応戦したくとも、マトモに応戦できぬ。つまりこちらとしては、苦もなく「敵を半分に分断して叩く」ことが出来るのじゃ。じつに有利に戦えるのよ。

この時、川岸で直接敵とぶつかるのは、得策ではないぞ。川岸からやや離れた高い位置より、弓で攻撃するのが良い。これで、こちらの損害は限りなく少なくて済む。

また、敵味方両軍が河に入り、河の中で戦闘となる場合は、河の流れに乗って攻めよ。つまりは、上流側のポジションを確保するわけじゃ。これで、河の流れを〝こちらの味方〟につけられる。

戦場が沼や湿地帯の場合は、厄介じゃ。ドロに足が取られて、兵も馬も、まるで思うように動けぬ。こうした所は、とにかく速やかに離れることを最優先せよ。どうしても沼地で戦わねばならぬとなったら、その中にあって少しでも動き易いポジションを、ゲットするのじゃ。まずは、水草の繁っている辺り。多少なりとも土が固くなっておるからの。さらには、林を背にした辺り。傾斜していて、わずかながらも高台となっておる。

平原で戦う場合でも、こうした「行軍」の心得を決して忘れては、いかん。少しでも高い所に陣取ることで、自軍を有利に出来る。どんなに広く平らかに見える大地であっても、必ずや多少の起伏が、あるものよ。両軍の陣の〝ほんのわずかな高低差〟が、勝負を左右するのじゃ。

すなわち、ちょっとでも有利になれる所を確保するというスタンス。これこそが「行軍」の真髄というわけよ。

そして「戦いの最中に高い所を押さえる」。これが「行軍」の鉄則の一つであり、必勝パターンじゃ。

敵と遭遇した時は、あわてず騒がず、まずは速やかに周囲の地勢を見極め、自分のポジションについて考えるのじゃ。敵を見たとたん思わずこれに飛びついて戦うなどは、その瞬間〝パニックになった者〟の、やることじゃ。弱者の対応ぶりよ。

かつて太古の時代、我が中国大陸の強豪列強諸国を制圧して大陸の統一を果たした、あの偉大なる黄帝《こうてい》は、この「行軍」の真髄をわきまえておった。山地・河・湿地帯・平原……と、戦場がどんな土地であっても、必ず有利なポジションを取ることを忘れなかった。なればこそ、七十戦を戦い抜き、勝ち上がっていけたのじゃ。

ああッ……と、それから、な。「有利となるポジションの確保」という意味では、陣を構える場所の「方角」にも、配慮せねばならん。ふだんは出来るだけ「陽の良く当たる南面」を、選ぶようにせよ。

PHP文庫
http://www.php.co.jp/

道

道をひらくためには、まず歩まねばならぬ。

心を定め、懸命に歩まねばならぬ。

それがたとえ遠い道のように思えても、休まず歩む姿からは必ず新たな道がひらけてくる。

深い喜びも生まれてくる。


——松下幸之助『大切なこと』PHP研究所より

これは、兵士の健康管理の問題でな。人でも馬でも、ふだんは日光をきちんと浴びて休養を十分に取らんと、体力維持できぬ。こういう点にも気を回せてこそ、本当に良き将と言えよう。

南に面した丘陵とか堤防などは、うまい具合に高台となっておるし、理想的じゃの。

「行軍」の真髄を、今一つ述べるならば、「動きにくい場所は避ける」ということじゃ。そういった場所に、無理矢理に入らない。入らざるを得ない時でも、留《とど》まらない。速やかに離れることを最優先する。

河の上流のほうで大雨などがあって、河が増水しておったら、どれほど向こう岸に渡りたくとも我慢する。これを無理に渡ろうとすれば、必ずや激流に兵も馬も流され、ようやく渡り切れた者も敵の弓の餌食《えじき》となる。

断崖絶壁に挟まれた深い谷川。行けども行けどもドロ沼続きといった広い湿地帯。恐ろしく高い山々に囲まれた狭い通路。入った兵が網に掛かった獲物のように動けなくなる、ひどい草地。そして、深く暗い谷地《やち》……。

こうした場所は、とにかく留まらぬことじゃ。速やかに移動することじゃ。どれほど強い軍であっても、こんな地での戦いは、とてもマトモに力を発揮できぬ。もっとも、逆もまた真なり、でな。敵軍をこういった場所に追いつめれば、当然、こちらが有利となれる。敵軍がこうした場所を背にするように、追い込んでいくのじゃ。

それから、「動きにくい場所は避ける」と同様に「見えにくい場所は、よく探す」というのも、「行軍」の鉄則じゃの。岩山などで険《けわ》しくなっている土地、草木の生い茂った土地、森林……などなどは、近くにあったら、偵察部隊を行かせて入念に調べさせい。敵のスパイ、伏兵、隠密部隊が、隠れてこちらの隙を窺《うかが》っておる確率が、高いからの。これを見過ごしたまま通り過ぎようとすれば、背後から急に襲われるぞ。

些細な情報でもよく吟味せよ

大自然というのは、公平なものでの。どちらか一方にだけ、依怙贔屓《えこひいき》して有利になったり、イジワルして不利になったりは、せぬ。要は、これをいかに自軍側が有利に活用できるか、じゃ。

すなわち、じゃ。戦場における〝大自然の恩恵〟というのは、敵もまた、これを活用しようとする。そこで、敵のそうした「行軍」を見越して、さらにその上を行く工夫をする。マァ、レベルをさらにもう一段階上げた「行軍」の応用篇というところじゃ。

たとえば、こちらが近づいていっても敵が妙に悠然と待ちかまえておったら、用心じゃ。これは、敵が陣周辺の土地の有利さに、かなりの自信を持っている証拠じゃ。

逆に、こちらがまだ近づいてもおらぬうちから、出陣してきてはチョコチョコと小さな攻撃を何度も仕掛けてきたら、これまた魂胆《こんたん》がある。こちらを誘い込みたいのじゃ。本陣の地の有利さに、かなりの自信があるのじゃろう。

いずれにしろ、敵の本隊がなかなか動かぬ場合は、敵が「留まっているほうが有利だ」と考えているからに、他ならぬ。こうした時の敵を、決して侮《あなど》ってはならぬ。

敵の「行軍」、すなわち、戦場における敵の布陣の様子は、とにかく観察することが肝要となる。物事たいてい、よく観れば、そこに〝見えること〟から、その内情が読み取れるものよ。

すなわち、観察&分析。敵の「行軍」に対しては、この二点を徹底せよ。

目の前に見える景観。

遠くに敵軍を眺め、そこでわずかに見て取れる動き。

さらには、スパイを放って、そのスパイが観てきた様子。

これらから得られる情報は、じつに多い。そうした実例を、ズラリと並べて進ぜよう。


前方に見えるたくさんの樹々が何やらザワザワ動いていたら、敵の部隊がひそかに近づいてくる証拠じゃ。

草木が異様に生い茂って、不自然に見えるほどだったら、それは敵軍の仕掛けじゃ。敵の作ったダミーの草地じゃ。こちらの「行軍」を混乱させようとしているのじゃ。

鳥が、急に飛び立つのが見えたら、その辺りに敵の伏兵が潜んでおる。

森の獣《けもの》が、あわてた感じで走り出すのが見えたら、その辺りに敵のまとまった部隊が隠れている。こちらを急襲しようとしておる。

遠方に砂塵《さじん》が高く舞い上がって、その砂ケムリの先っぽが尖《とが》っていたら、敵の戦車部隊が疾走してくる。

遠方の砂塵が低く広がって見えたなら、敵の歩兵の大部隊が動いておる。

または、遠くのあちこちで、散らばるように砂塵が細く上がっていたら、敵が炊事用の薪《たきぎ》集めで動いておる。

幾つものわずかな砂塵がチョロチョロと行ったり来たりしているのが見えたら、その周辺を、敵が宿営地にしようと準備しておる。

また、戦いの最中に、敵軍から「軍使」がやってくることが、あるじゃろう。この時、敵の軍使が伝える言葉にただ耳を傾けるだけでは、いかん。相手の言葉をバカ正直に鵜呑《うの》みにして、それで済ませてはいかん。

その者の態度、さらには、その背後に見える敵軍の様子も、よく観察することじゃ。

軍使が妙に遜《へりくだ》っていながら、背後に見える敵軍がザワザワと激しく動いているように窺えたら、これは、敵軍が総攻撃に掛かろうとしている証拠じゃ。軍使は、その時間かせぎに来ているに過ぎぬ。内心ハナから交渉決裂になるつもりで、しゃべっておる。

その逆に、軍使の態度が妙に強気で横柄《おうへい》で、しかも背後に見える敵軍も、それに合わせるかのように威勢よく大声を上げていたりしたら、却《かえ》って安心してよろしい。敵軍は退却したいのじゃ。こちらの追撃が怖いから、カラ元気を見せて、こちらを躊躇《ちゅうちょ》させるつもりじゃ。

敵軍の戦車部隊が前に出てきて、しかも、それぞれの戦車のわきに歩兵を配置していたら、いよいよ本気で攻めてくる。こちらも覚悟を決めねばいかん。

軍使が「休戦・講和」を持ちかけてきながら、その担保や見返りに何も寄こそうとせず、人質も差し出さなかったら、明らかに何か企《たくら》んでおる。ホイホイ話に乗せられては、いかん。

敵の陣全体が変にソワソワしていて、歩兵も戦車も右往左往しているようだったなら、何かミッションを、くわだてておる。こちらも、ただボーッとしておらず、速やかに対処を考えねばならぬ。

敵の動きが、こちらに出てきたり引っ込んだりで、攻めたいのか退《ひ》きたいのか解《わか》らぬようだったら、これは、こちらを誘い込む罠じゃ。調子に乗って深追いしてはいかん。

また、こちらのスパイが観てきたことは、どんな些細《ささい》なネタでも、よく吟味せよ。敵軍の事情が色々と読み取れるぞ。

敵兵が、槍や矛《ほこ》、あるいは長剣を杖がわりにしているのを見たら、チャンスじゃ。敵兵たちは飢えて、弱っておる。

敵兵が井戸を見たとたん、むさぼるように水を汲んで飲んだなら、敵軍は、水不足で困っておる。

客観的に見てこちらが不利になっているのに、嵩《かさ》にかかって攻撃してこぬ場合は、敵軍全体が疲れ切っておる。こちらとしては、戦況を建て直せるチャンスがある。

敵陣に鳥が集まっておるのが見えたら、いつの間にやら密かに撤退していた証拠じゃ。その辺りは、裳抜《もぬ》けのカラになっておる。鳥どもは、敵が残した残飯などを漁《あさ》っておるのじゃ。

真夜中に敵軍のほうから、やたらとざわつく声が聞こえたなら、これは敵兵たちが不安にかられている証拠なのじゃ。人間、不安になるとオシャベリになるからの。

敵陣のほうから常にワイワイガヤガヤと人声が聞こえておるようじゃと、それは、敵将の威厳が失われて、秩序が乱れておる。敵の力が落ちたと読んで、よろしい。

旗がむやみやたらと動いているのも、同様じゃ。軍内の乱れを示す。

兵を叱りつける怒鳴り声がよく聞こえてくるようじゃったら、敵兵に戦意が失われておる。これまた、敵の弱体化の証拠じゃの。

もし敵が、戦車用の馬を殺してその肉を食っておったら、もう末期症状じゃの。麦一粒もなくなり、完全な飢餓状態になっておる。こちらから降伏を勧告してやるが、よい。

ナベ釜がいつまでも柱に引っかけられていて、使った様子がまるで見えなければ、これまた、兵糧が底をついておる。敵兵どもは、食事をせぬからテントにも入らず、そこいらに、へたり込んでおるじゃろう。

部隊長の兵たちに接する態度が、やけに丁寧で媚《こ》びているようだったら、敵軍の上層部が兵たちの信頼を失っておる。およそ戦闘になっても、敵兵たちはロクに戦おうとはするまい。こちらには好都合じゃ。

敵軍の中で、やたら勲章だの褒美《ほうび》だのが濫発《らんぱつ》されておったら、じつは、こちらに有利なのじゃ。褒賞の濫発など、将が部下の信頼を得られない時に、苦し紛れにやることじゃからの。そんな軍には、一体感というものがない。

逆に、やたらと処罰が行われていれば、兵士たちが、戦うのに嫌気がさしていることを示しておる。

敵将の兵たちへの態度が、初めはやたらと強気で、後から弱気に変わっていくようじゃったら、その敵将は、恐るるに足らぬ愚か者じゃ。きっと、何やらバカげた命令を出して、兵たちに反論されたのじゃろう。

敵の軍使が、かなりの貢《みつ》ぎ物や相当な人質を、こちらが要求するより前に持ってきたら、これは敵が本心から休戦・休息を求めておる。変に裏読みせずとも、よい。

敵軍が全体的にハイ・テンションになっておって、それでいながら、なかなか攻めてこず、かと言って退却の雰囲気も全くなければ、これは、かなり大がかりなイチかバチかのミッションを、練っておるぞ。こういう敵が一番怖い。くれぐれも用心して、何としても敵の思惑《おもわく》を探らねばならぬ。

――と、このように敵軍の「行軍」の状況をよく観察することで、実際に戦闘に入る前に、敵軍のレベル・敵の強さというものが、計れる。良き将は、こうした眼力を備えておらねばいかん。

そもそも軍というのは、「兵の数が多ければ多いほど強い」というものではない。何十万だの何百万だのと、その規模だけを目安に自軍を誇るのは愚かじゃし、敵軍を恐れるのも愚かじゃ。

数のみを頼みとして、人海戦術だけで攻め込むような軍は、いつか敗れる。自軍の「行軍」をよく考えて効率的な布陣を敷き、敵の「行軍」をよく観察してその内情を読み取る。それを出来る将こそが、軍を勝利に導ける。そうでない将は、軍を敗北させ、自らも捕虜の屈辱を味わうこととなるじゃろう。

いざという時に力を発揮するには……

最後に、良き「行軍」を為す〝前提〟としての大切な心構えを、一つレクチャーしておこうかの。

良き「行軍」とは、将と兵士たちとの心の絆《きずな》が強ければ強いほど、実際に優れたものとなるのじゃ。

軍とは、突き詰めていけば〝人の集まり〟じゃ。人には必ず心がある。当たり前すぎるくらい当たり前のこのことを、決して忘れてはいかん。

たとえ、将が良い「行軍」を頭の中でシミュレートできたとしても、現実において兵たちが速やかに迅速に、そのシミュレーションどおりに動いてくれねば、何にもならん。それを可能たらしめるかどうか。それはひとえに、将と兵士たちの心の結びつき・信頼関係によって決まる。

両者の信頼関係がまだ固まっておらないうちから、将が権柄《けんぺい》ずくで兵たちを従わせようとしても、戦場での「行軍」がうまく行くはずは、ない。

将は苛立って、「シミュレートは完璧だったのに！」などと、声を荒らげたくなるじゃろう。「物事何でも〝机の上〟で解決できる」と考えがちの〝アタマでっかち〟の青クサい将が、よく陥る失態じゃ。

この逆のパターンも、あっての。

ベテランの将などの中には、ふだんの国内勤務では兵や国民によく慕われ、とても親しまれている将が、いる。こういった者に対しては、兵たちも進んで、よく言うことを聞くものなのじゃ。

が、如何《いかん》せん、このテの将は得てして、肝心の〝兵法のスキル〟が足りないものでの。それで、マトモな「行軍」を指揮できない。

こうなると、当初は気合いの入っていた兵士たちも、戦場で日を送るうちだんだんとやる気をなくしていく。結局は〝戦場で使いモノにならん軍〟となってしまう。

マァ、つまり早い話がな。

いざ戦争となった時に軍が十分に力を発揮するには、平和なうちから軍人も国民も〝それ相応の勉強〟をしておかねばならぬ、ということよ。いざとなったら一致団結して〝戦争という国難〟に立ち向かえるよう、心とスキルを磨いておくことじゃ。

国民は、ふだんから「いざとなったら、あの将の指揮の元で戦うのだ」と、覚悟を決めておかねばならぬ。

君主や軍の将は、ふだんから、国民にそうした覚悟を持ってもらえるに足るだけの立派な人間と、なっておらねばならぬ。

そして、国中の者が、平和時においてもダラダラと日々を過ごさず、しっかりした法に基づいた統率ある暮らしを、きちんと営んでおらねばならぬ。

そうした積み重ねがあってこそ、民が徴兵された時、将と兵たちの心の絆が、強い軍に仕立てられるのじゃ。本当に実《み》のある軍事訓練が出来て、たとえ新兵ぞろいでもテキパキと良き「行軍」を成し遂げられる軍に、育つのじゃ。

兵に信頼してもらえぬ将。

将の命令どおりに動けぬ兵。

動く気のない兵。

そんな者どもが幾ら寄り集まっても、何にもならん。

……と、マァ、最後はちょっと精神論に傾きすぎた嫌《きら》いも、あったがの。この章のレクチャーは、ここまでにしておこうかの。

戦場にあっては、その土地土地の特徴に合わせて、布陣をする。または速やかに移動する。そして、敵の布陣に合わせて、我が布陣を変える。

要は、常に少しでも有利を求め、不利を回避する。

――と、これが「行軍」の教えの意味するところじゃ。

あらゆる人間関係にあっても、自らの〝ポジション〟をまずどうするか。この判断によって、互いの有利不利、立場の強弱というものが決まりがちじゃろう。

たとえば、第三者の誰を我がバックとするのか。どんな出来事に基づいて行動の方向性を決めるのか。それら問題を心して考え抜いた末、我がポジションを決める。それが、先々の成否に、大いに関わってくる。勝者になれるかどうかの大きな決め手となる。

まさに「行軍」の心得と一緒じゃろう。

さらには、相手のついたポジション。そのポジションにまつわる諸事情。それらを分析することで、その者の人間性や心情までも読み取れる。その分析が、相手との〝期待どおりの人間関係〟を築くための、大いなる参考となる。

どうじゃ。今回のレクチャーも、学べること大じゃろう。自分なりによく吟味し、応用するがよい。

休憩時間⑧

日本の武士と「孫子の兵法」（その１）

日本に「孫子の兵法」が伝わったのは、古く奈良時代です。

伝えたのは、吉備真備《きびのまきび》（693〜775）という朝廷の高官です。当時は、朝廷が「遣唐使《けんとうし》」をしばしば派遣していた時代で、彼もまた「遣唐使船」に乗って海をわたり、兵法書『孫子』を持って帰国したわけです。

その後、『孫子』は〝朝廷の秘書〟として伝えられていきました。その保管を任されていたのは、公家《くげ》の大江《おおえ》家です。そして大江匡房《まさふさ》（1041〜1111）の時代、朝廷の外の武家へ、伝えられました。

平安時代末期に起こった反乱「前九年の役」を鎮圧して凱旋《がいせん》した武将・源義家《よしいえ》を、匡房は、こう評しました。

「彼はじつに良い武将だ。しかし、惜しむらくは兵法を知らぬ」

ここで匡房が言った「兵法」が『孫子』であることは、言うまでもありません。やがて、この評を耳にした義家が、「ならば、どうかご教授ください」と大江匡房に頼み込み、そして「孫子の兵法」を学ばせてもらったといいます。

（215ページへ続く）

第十章 地形

戦場には六つのタイプがある

いよいよ第十章じゃ。ここでのタイトルは、とりあえず「地形」としておくぞ。すなわち、戦場となる土地の特徴・地理的条件の話じゃ。このたび、まずはこのテーマから話を切り出そう。

マァ、このテの問題については、これまでにも再三述べてきておるがの。一つここで、整理しておこうと思うての。それから、これまでのレクチャーで特に重要ポイントとなるネタを、ついでに今一度述べ直していくつもりじゃ。

さて……と。

戦場の土地のタイプ、すなわち「地理的条件」を種類分けするとな、これが六種になるのじゃ。

すなわち、「通《つう》」「挂《かい》」「支《し》」「隘《あい》」「険《けん》」「遠《えん》」じゃ。

まず一つめ、「通」。

自軍にとっても敵軍にとっても、見通しが良くて、行動の妨《さまた》げとなるものがほとんどない――といった場所じゃ。広々とした平地のことじゃな。

こちらから攻めて行こうと思えば、いつでも行ける。敵もまた、攻めて来ようと思えば、いつでも来られる。そして互いに、相手が攻撃を開始したなら、即座にそれが見て取れる。

こういった戦場では却《かえ》って、攻撃を始めるタイミングが難しくなるものでな。速《すみ》やかに攻撃を仕掛けたとて、さしたるメリットがあるわけでなし。さりとて、待てばチャンスが広がる、といったわけでもない。

こうなると、陣を敷いた後は、なかなかどちらも動こうとせぬ。ダラダラとにらみ合いが続く場合も、大いに有り得る。

したがって、長期戦も覚悟してジックリ腰を落ち着けていられるだけの〝余裕〟を持っていなければ、ならん。

そのためには「宿営地の居心地の良さ」といった点が、大きなポイントとなるのじゃ。南に面した高台などに陣を敷き、「兵站《へいたん》」すなわち後方支援のシステムをしっかり確保する。そうやって、どれほど滞在が長引こうと兵糧に困らないようにしておかねば、ならん。

言ってみれば、〝我慢比べ〟に勝ったほうが有利となれる地形じゃな。

次に二つめ、「挂」。

早く言えば「進むは易《やす》く、退《しりぞ》くは難《かた》し」といった戦場じゃ。

これは、たとえば「行きが降りで、帰りが登り」といった〝純粋な地形上の問題〟の場合が、ある。

その一方、ちょっとした密林など、「落ち着いて進む分にはマァマァ辛《つら》くはないけれど、ひとたび焦《あせ》り出すと結構足元がおぼつかなくなる」といった〝微妙に厄介〟な土地の場合も、ある。つまり、「敵の反撃にやられて慌《あわ》てて退却する時」に、かなり混乱するであろうことが目に見えている場所じゃ。

こうした地では、いったん攻撃を始めたからには、退却が難しいわけじゃから、それなりに勝算が高くなければ、攻撃してはいかん。敵の反撃が厳しかった場合のリスクが、大きいからの。

良き将とは、退却や敗走といった〝負け戦《いくさ》の状況〟をも想定して、戦うものじゃ。いつでも勝つことしか考えておらぬ将など、「勇敢」などと誉められん。そういうのは「能天気《のうてんき》」と呼ぶのじゃ。

三つめ、「支」。

自軍も攻撃しにくく、敵軍も攻撃しにくい。どちらもが、相手に向かって進みにくいという地じゃ。

つまり、河でも沼でも岩山でも「自然の障害」が両軍のあいだにドーンと構えていて、それが両軍に〝同じ程度の不利〟として働いている、といった所じゃ。

これはモォ、ズバリ「先に動いたほうが負け」じゃ。にらみ合いが長引いて、どれほどイライラしようとも、決して、シビレを切らしてこちらから攻めてはいかん。

それより、退却する真似などして敵を誘い出し、敵がそれにマンマと乗ってくれたら、そこを迎撃するがよい。敵軍は、難儀な河を渡ったり岩山を越えたりで、こちらに進んでくる時に必ずや分断される。そこを各個に叩くというわけじゃ。

四つめ、「隘」。

両軍のあいだが、細く狭い一本の道で結ばれているような土地じゃ。たとえば、深い谷間が長く続く場所などじゃな。

このタイプの戦場は、「早い者勝ち」での。先にその地に到着して占領しさえすれば、それで勝ちじゃ。

後から着いたほうは、どうしようもない。いかな大軍といえども、攻めるには〝細長い一本の行列〟にならざるを得んからの。そんな「行軍」のスタイル、進めど進めど、列の先頭から順番に潰《つぶ》されていくだけじゃ。

したがって、とにかく敵より先に着くこと。そして、先んじて布陣を整えさえすれば、それでOKじゃ。逆に、こちらが遅れて「着いたらすでに敵がいたァ」となっとったら、潔《いさぎよ》くあきらめい。サッサと退却することじゃ。

マァ、もしこの時、敵軍がモタモタして布陣を完了していなければ、多少の勝算はあるかも知れんがの。無理は禁物じゃの。

五つめ、「険」。

高低差の激しい丘陵が幾つもあるような、要するに〝デコボコしている所〟じゃ。

これまた、「早い者勝ち」の戦場と言える。と言うのも、このテの地では、高さと広さ、それに陽の当たり具合において〝陣を構えるのにベストの丘〟というのが、必ずあるものでの。そこを先に押さえたほうが、断然有利となる。

そこに陣を構えられたら、後は敵の出方を待てば、よい。逆に、敵にそこを押さえられたら辛いの。焦りから敵の挑発に乗せられたりせぬよう、気をつけることじゃ。

最後に六つめ、「遠」。

自軍・敵軍の双方が、陣を構えて互いに遠くに相手を眺めつつも、おのれのほうからは出たがらない――といった戦場じゃ。

これは、双方ともに、地の利の良い所に陣を構えておる。そのため、「討って出るより、出てきた相手を迎撃したほうが有利」と、同じ判断をしている状況なのじゃ。

こうなると、どちらも〝居心地の良い陣〟におるわけじゃから、にらみ合いが果てしなく長引く。先の見えぬ持久戦となってしまう。

結局は〝体力勝負〟となる。戦場というのは、何もせんでも、滞在しているだけでカネがドンドン消えていくからの。その浪費により長く耐えられるほうが、最後には勝つ。

身も蓋《ふた》もなく言ってしまえば、カネ持ちの国に有利な戦場じゃ。

……と、以上の六つが、戦場の地理的条件をタイプ分けした説明じゃ。

戦場で指揮を取る将なら、必ずわきまえておかねばならぬ基礎知識じゃ。初歩レベルの知識じゃの。

最優先すべきは「現場の的確な判断」

ところで、先ほど「負け戦をアタマに置かぬ将は、能天気者に過ぎぬ」といった言葉を言うたがの。この負け戦というのも、六つのパターンがあっての。せっかくの話の流れじゃから、ここでそのへんも教えておこう。

これすなわち、「走る」「弛《ゆる》む」「陥《おちい》る」「崩れる」「乱れる」「逃げる」じゃ。

この六パターンの敗北は、いわゆる「天の配剤」などは、カケラも関与せぬ。地形や天候といった自然現象に関わりなく、運に左右されるものでもない。百パーセント、将の責任。言い逃れの出来ぬ将のミスによって、引き起こされる。

まずは、「走る」。

「走る」とは、敵とロクに戦いもせぬうちに、兵たちがサッサと退《ひ》いてしまうことじゃ。

だが、これは兵たちの責任ではない。兵が「退いて当然」という戦いを、命じるほうが悪い。

たとえば、敵兵力が十倍もあるような、つまり「誰の目にも圧倒的に不利と解《わか》る状況下」での正面攻撃など、そういう〝阿呆としか言いようのない命令〟を、将がゴリ押しした場合じゃ。誰も本気で、そんな命令聞きやせん。

次は、「弛む」。

「弛む」とは、せっかく兵たちの戦力が整い、戦意も十分なのに、指揮する将・部隊長たちに問題がある場合。上層部が軟弱でスキル不足のために負けるパターンじゃ。

このパターンだと、ズレた命令・指揮の連発で、多くの兵士を無駄死にさせてしまう。じつに兵には気の毒な負け方じゃ。

そして、「陥る」。

「陥る」は、「弛む」の逆じゃ。上層部にはそこそこの力量があるけれど、兵たちが軟弱で、軍全体に端《はな》から〝弱気の空気〟が漂っている。そんな場合の負けパターンじゃ。

こんな軍は、あらゆる命令が空回りして、まさに「笛吹けど踊らず」の状態となってしまう。将一人がテンション高く叫びまくるが、いつしか味方の兵たち皆に逃げられ、戦場でポツーンと孤立してしまう。情けない話じゃろう。

四つめ、「崩れる」。

「崩れる」は、軍の上層部の内部分裂で起こる負けパターンじゃ。

前線を任されている部隊長と軍全体を取り仕切る将のあいだで意見が合わず、部隊長が腹立ち紛れに独断専行する。勝手に部隊を動かすわけじゃ。

だが、たいてい部隊長というのは、戦局全体が広く見えておらん。暴走となる。戦争全体に大きなマイナスとなる。

この場合、そもそも両者のあいだの意見対立が解決されておらんのが、いかん。そしてそれは、将の責任なのじゃ。将には、上層部全体をまとめる義務がある。

五つめ、「乱れる」。

「乱れる」は、そもそも将にスキルがなく、しかも気弱で、各部隊長や兵たちが内心で将をバカにしている軍が、負けるパターンじゃ。

こういった軍では、各部隊長が将の命令を、全く尊ばぬ。さらに悪いことには、兵たちが「もし命令どおりに戦ったとて、それを正当に評価してくれるのか？」と、疑ってかかる。軍のメンバー全員が、将をまるで信用しておらぬわけじゃ。

こうなると、各部隊とも〝はっきりと解る手柄〟を立てたくて、敵の本陣めがけ、おのおの勝手に戦い始める。露骨な「一番槍競争」になる。ヘタをすると、味方どうしで足の引っ張り合いさえ始めてしまう。軍の心はバラバラじゃ。

勝てるわけないの。

最後に、「逃げる」。

「逃げる」は、文字どおり敵を前にして兵たちが逃げ出すという、最悪の完敗パターンじゃ。

これまた、「逃げて当然」といった状況の場合じゃ。将が、敵戦力を全く知ろうとせず、とりあえず、手持ちの少数部隊に攻撃命令を出す。敵の強弱などお構いなし。ただ「攻めよ」の一点張り。将として最低の〝ヤッツケ仕事〟じゃの。

マァ、命じられた部隊が、よっぽど少数精鋭・一騎当千ぞろいだったら、何とかするかも知れんがの。そんな部隊、マンガだけの話じゃ。ふつうは逃げるじゃろう。

……と、この六パターンが、いわゆる「負け戦一直線」の軍の姿じゃ。どうにもこうにも、将の〝ダメさ〟が引き起こすものばかりじゃろう。

……で、話を、地理的条件のことに戻すがの。

戦場における六つの土地のタイプの問題。これは確かに、将が見落としてはならぬ基本じゃ。……が、かと言って、戦争の勝敗を左右するほどの決定打にはならぬ。言ってみれば、初歩の「サブ的情報」に過ぎぬ。

戦争に勝つか負けるか。それは突き詰めるところ、やはり人の為すことであり、人の責任なのじゃ。

敵勢力を的確に判断し、的確なミッションを立て、的確に軍を指揮する。あらゆる困難を正しく分析し、より良き解決策を計る。これの出来る者がトップにおる軍、そして国は、きっと勝つ。そうでない軍や国は負ける。

地の利において、その場は「負けてやむなし」となったなら、そこは潔くあきらめる。そして、次の策を練る。さすれば、最後には勝てる。

この時、戦場から離れた本国で行う政治工作や外交交渉が、「次の戦いに勝つ必須条件」となるやも知れぬ。すなわち、現場のトップたる軍の将ばかりでなく、国内政治のトップたる君主もまた、戦況を知り、戦いの先が見えていなくては、いかん。

現場の状況を解りもせずに、本国から勝手な命令を出してくる君主というのも、おるの。だが、わしはここで、はっきりと教えておくぞ。

もし戦場で、本当に「勝てる」と踏んだ時は、君主から退却命令が出ても、それに従うな。きっと戦え。

もし戦場で、どうあっても「これは負ける」と読めた時は、君主が幾ら「進め」と〝ラッパを吹いて〟きても、従うな。きっと退け。

最後の最後で戦争に勝つためには、まず「現場の的確な判断」が、最優先されるべきなのじゃ。本当に優れた将とは、そのためならば、あえて君主の命令に背《そむ》く覚悟も、持たねばならぬ。

無論、将はそれで、罰を食らうかも知れぬ。だが、そのおかげで、戦いに勝って国は潤《うるお》い、あるいは兵たちを無駄死にさせんで済むのじゃ。

これは、君主の側から見れば、そうやって「おのれの誤った命令には、あえて背いてくる将」、それほどに〝勇気と知恵のある将〟が、下にいてくれる――という、とても有り難い話なのじゃ。トップに立つ者とは、そういった「優れた部下の存在」に、常に感謝せねばならぬ。

兵法は「知ること」から始まる

優れた将とは、どのような存在なのか。
話のついでじゃから、ここで、まとめて述べておくぞ。

勝っても個人の名利を求めず。負ければ、その責を自ら負って、それを次の戦いの糧《かて》とする。保身に走らず。兵を無駄死にさせず。ひたすら国に利あることを目指す。

——と、これだけの覚悟を持つ将なれば、これはまさしく「国の宝」であろう。
そして、兵に対する態度。下の者に接する心得。これもまた、将の大切な要件じゃ。

兵を思いやること、大人が赤子《あかご》を見守るが如《ごと》し。それほどに、ふだん「兵を守ろう」と心がけておれば、兵もまた信頼を寄せ、どんな辛い戦場にもついてきてくれる。

兵を慈《いつく》しむこと、親が愛《いと》し子を包むが如し。それほどに、ふだん親身に接しておれば、兵もまた、その将に忠誠心を寄せてくれる。どんな困難な命令でも「将のためなら」と意気に感じて、ともに死地へ赴《おもむ》いてくれる。

もっとも、愛することと甘やかすことは、違うからの。

軍の目的・兵の使命は、ただ一つ。「戦って勝つこと」じゃ。その使命を立派に果たせてこそ、兵も、兵として〝務める甲斐〟があるというものじゃ。

そこにつながらぬ将の愛情など、兵にとっては〝有り難迷惑〟に過ぎぬ。国にとっては〝愚かしい損害〟を生むものでしかない。

将が兵に、ただラクさせるばかりで働き場を与えてやらぬと、兵たちは意欲をなくしてしまう。ただ好き勝手させるばかりで、軍規違反をしでかす〝ワルの兵〟がいてもそのまま放っておくと、他の多くの兵は真面目に務めるのをバカバカしく感じて、投げやりになる。

これでは、子供を放蕩《ほうとう》ざんまいのドラ息子にしてしまうバカ親と、一緒じゃ。兵をダメにし、軍をダメにし、国を危うくする。

兵に対する真に正しい愛情。それを過《あやま》たず正しく心得て、実行できることが、優れた将の条件じゃ。

さらに、優れた将とは、情報を自在に扱えねばならぬ。

戦局における正しい情報を手に入れ、それを正しく分析し、的確な活用方法を見出す。情報の収集力・分析力・応用力。自軍と敵軍の力を、しっかりとつかめる将でなければ、勝利を導くことは出来ぬ。

くれぐれも言うておくぞ。戦いとは、おのれがいて敵がいる、ということじゃ。おのれと敵の双方を知り、両者を正しく比較できねば、勝てるモノも勝てぬ。

自軍の攻撃力の〝強さ〟が解っていても、敵の反撃力の〝強さ〟が解っていなければ、その戦いに勝てる確率は二分の一に過ぎぬ。

敵の反撃力の〝弱さ〟が解っていても、自軍の攻撃力の〝弱さ〟が解っていなければ、これまた、勝てる見込みは、せいぜい二分の一じゃ。

要するに、自軍と敵軍どちらか一方の戦力だけを把握しておっても、ダメなのじゃ。「俺たちは強い！」と自信を持てたとて、じつは敵は、それ以上に強いかも知れぬ。「敵は弱い！」と高《たか》を括《くく》ることが出来たとしても、それより自軍はもっと弱いかも知れぬ。

さらに、じゃ。

たとえ双方の力量を比べられて、「こちらが有利」と結論付けられたとしても、じゃ。そこで、戦場が地理的に不利であって、それを知らなかったならば、これまた、勝てるかどうか半々といったところじゃ。「戦場の地理的条件は勝敗の決定打にはならん」とは言うたが、おろそかにも出来ぬ。

くわえて、天候・季節の移り変わり・昼夜の寒暖差といった、戦場の「自然環境の変わりぶり」も、地理的条件同様に、見落としてはならぬ。この点も、やはり前のレクチャーで教え済みだったはずじゃの。

〝現実〟の戦争は、数値の比べっこで勝ち負けが決まる机上《きじよう》のゲームではない。空調管理の行き届いたドーム競技場で為されるスポーツの試合でもない。

地形のことにしろ、天気のことにしろ、たとえそれが「サブ的意味合いの情報」に過ぎぬものであっても、軽《かろ》んじてはいかん。それを知らなかったばかりに「ああっ！　ミスったァ！」と天を仰ぐ悲惨な結果にも、なりかねん。

兵法とは、まず「知る」ことから始まる。

これが出来る将こそ、真に優れた将じゃ。その将ならば、いざ戦いが始まれば迷わず、戦っているあいだもまた、行き詰まらぬ。戦いを常にリードし、一時的・局地的な負けをも計算に入れて、最後には勝者となる。

敵を知り、おのれを知れば、戦い危うからず。

くわえて、自然を知り、地の利を知れば、勝利への道を全《まっと》うす。

――と、これぞ兵法の何たるかをスパッと説いた、我ながら〝名コピー〟じゃの。

……エエ……というところで、以上、第十章の〝お開き〟としておこうかの。戦場の土地の話から始まって、最後は、兵法のトータル的な内容にまで話を広げてしまったがの。マァ、いずれも〝良い話〟であったろう。

このたびの話にもまた、世間一般の人間関係や暮らしに大いに役立つ教訓が、ちりばめられておったな。

人と人の関係とは、何もせんと、何も変わらぬ、何の進展も見出せぬ。そこに何らかの発展を求めるならば、何かせんといかん。

この時、自分のほうから動くべきか。それとも、相手の出方を待つべきか。現在の自分のポジションの〝居心地の良さ〟や〝将来性〟が、その判断材料の一つとなろう。

出るか。待つか。あきらめるか。まさに、戦場の地理的問題に通ずる〝悩みどころ〟じゃ。きっと、このたびのレクチャーからヒントが得られるじゃろう。

将についてアレコレ述べたことも、また色々と参考になるはずじゃ。

ふだんの生活やビジネスの中で、人が組んで何かを為そうとする時、その中心となる者は、何を考え、何を想定せねばならんか。そのチームの者は、その中心人物に何を求めるか。このたびのレクチャーを、そうした自らの問題に重ね合わせて、ヒントを見出すがよい。

人間、何事も、まず「知る」ことが大切じゃ。おのれのことも含めて、な。おのれを知らぬ者は、いつか〝敗軍の将〟となってしまうぞ。くれぐれも心得よ。

休憩時間⑨

日本の武士と「孫子の兵法」（その２）

「孫子の兵法」を学んだ源義家《よしいえ》は、ほどなく起こった乱の「後三年の役」で、実際にこれを役立てたといいます。戦場の深い草むらで急に雁《かり》が乱れ飛んだのを見た義家は、『孫子』第九章「行軍」篇にあった「鳥、起《た》つは伏《ふく》なり」の教えから、そこに敵が隠れていることを察しました。そして、これを急襲して見事に勝利を得たのです。

やがて、この源義家に伝わった「孫子の兵法」は、武田家に流れ、戦国時代屈指の名将・武田信玄《しんげん》がこれを活用して大いに躍進したのは、ご承知のとおりです。

さらに時代が下って、「孫子の兵法」は武田家から徳川家に伝わり、徳川幕府もまた、「孫子の兵法」を、いわば〝日本国家公認の兵法〟として扱いました。幕府お抱えの兵法家はもちろん、全国の藩でこれが学ばれたのです。たとえば幕末には、長州藩の軍事顧問だった吉田松陰《しょういん》が、「孫子の兵法」をベースにした大演習を長州で実施しています。

また、南北朝動乱時代の天才軍略家・楠木正成《まさしげ》は、大江匡房《おおえのまさふさ》から七代目後の大江時親に「孫子の兵法」を学び、あの時代に大活躍したのです。

（243ページへ続く）

第十一章 九地

勝つための環境造り

第十一章、「九地《きゅうち》」じゃ。

このタイトルの「九」は、前に述べた「九変」とは違うて、文字どおり「九つ」の意味じゃ。すなわち、戦地・戦場を九種類に分けた説明じゃ。

……フム。案《あん》の定《じょう》ちょっとざわついたな。

「戦場のタイプ分けなら、もう話は済んでるだろうに」と、こう言いたいのじゃろう。

ところが、違う。今回の説明は、単なる地理的区別の話ではない。さらに奥が深い。

どういうことかというとな……、戦場が兵に与える心理的影響。すなわち「兵の心理状態が戦場によってどう変わるか」を、ここでは教えてやろうというのじゃ。つまりは、「環境と心理の関係」といったテーマじゃ。

戦争は人の為すこと。人とは〝心の生き物〟じゃ。そして心は、環境に左右される。同じ一人の人間でも、周囲の影響から別人のようになってしまうことも、ある。

そして、兵とは常に勇敢であらねばならぬ。将は兵を、勇敢にせねばならぬ。そのために将は、戦場の心理的影響というヤツを解《わか》って、それを活用できねばならぬ。すなわち、じゃ。「兵が勇敢になれる環境造り」という仕事が出来ねばならぬ。

――と、こういったテーマのレクチャーなのじゃ。どうじゃ、奥が深そうじゃろう。聞きたいじゃろう。

では、話して進ぜよう。

さて、こうした「兵に与える心理的影響」という点において戦場をタイプ分けすると、次の九つとなる。

すなわち、「散地《さんち》」「軽地《けいち》」「争地《そうち》」「交地《こうち》」「衢地《くち》」「重地《じゅうち》」「圮地《ひち》」「囲地《いち》」「死地《しち》」じゃ。

まずは、自国領内の戦場を、「散地」という。

敵国領内ではあるが我が国に近い国境付近の戦場を、「軽地」という。つまりは、進軍していって「敵国の国境をまたいだばかり」といった所じゃ。

自軍・敵軍双方にとって第三国の土地。言ってみれば「互いに〝縄張り〟の外」であって、しかも戦略上きわめて重要なポイントとなる戦場を、「争地」という。これは、占領したほうが後の戦いに断然有利となれる——と、そういった所じゃ。

自軍にとっても敵軍にとっても交通の便がよく、どちらもが「行くのはそんなに苦ではない」といった戦場を、「交地」という。つまりは、敵も味方も補給を受け易《やす》い所というわけじゃ。

周辺各国と国境を接し、それら周辺の国に向かって道路が四方八方に延びている所。つまりは、「その地を制した者は、周辺国の全てに〝にらみを利かせられる〟ぞ」といった、外交戦略上重要になる地。そういった戦場を、「衢地」という。

敵国領内に深く入っていった所で、敵国の城や住宅地を背にする形になってしまう戦場を、「重地」という。マァ、退却したくとも簡単に出来ない。「前も後ろも敵だらけェ」といった所じゃ。

密林や険《けわ》しい岩山、湿地帯などといった〝厳しい自然〟に囲まれて、軍を移動さすだけでも一苦労する戦場を、「圮地」という。こういった所ではどう戦おうと、どうしたって犠牲が大きくなる。

入っていく道が狭く、出ていく道も通りにくい。入るのに一苦労。いったん入れば、脱出にはもっと苦労。——といった難儀な戦場を、「囲地」という。たとえば、山々とか幾筋もの河などで、スッポリ囲まれた土地じゃな。

このテの戦場では、待ちかまえている敵が少数でも、かなり苦戦させられる。なにしろこちらは、大軍をワッと一挙に投入なんて、したくても出来んからの。

そして最後に、ちょっとでもボーッとしていたら即・全滅を食らう。死にたくなければ戦うしかない！——といった〝生きるか死ぬかの瀬戸際〟に立たされる戦場。これを、「死地」というのじゃ。

それぞれの戦場における心得を、順番に述べていくとな……。

「散地」では戦うな。戦えば、勝っても本国内に損害が出る。兵は、故郷を傷つけたくない一心で、戦いぶりが鈍《にぶ》る。

「軽地」には留《とど》まるな。兵が「いざとなれば、ここからならすぐに帰れる」と、心が揺れて、どうにも〝後ろ向きの気分〟になる。軍全体のテンションが下がる。戦意が落ちる。

「争地」は、とにかく先回りせよ。敵を出し抜け。先に着いて占領したほうの勝ちじゃ。

「交地」は、まず補給路を守るよう心がけよ。敵の特殊部隊にでも入られて兵站《へいたん》を断たれたら、圧倒的に不利になる。

「衢地」では、あらゆる外交工作を駆使して、周辺国をこちらに抱き込め。弓と剣よりも、口先と〝腹芸〟で敵と戦うのじゃ。

「重地」では、盗め！

災い転じて福となす。周りが敵だらけなら、逃げることなど考えず、敵国の住宅でも田畑でも襲って、財産や食糧を奪うのじゃ。

このテの地では、本国からの補給など当てに出来んのじゃからの。背に腹は換えられぬ。民間人を襲うのも〝有り〟じゃ。兵たちにも、そう割り切らせよ。

「圮地」には、まともに近づくな。出来るものなら、迂回せよ。そのぐらいの気持ちをもって、ここでは積極的に戦わぬほうがよい。

「囲地」は、とにかくアタマを使え。どう考えたって、進むほうが待ちかまえるほうより不利なんじゃからの。それでも進まねばならぬとなったら、謀《はか》りごとをもって挑むしかない。

兵たちも不安じゃろう。「こういうミッションで行くから大丈夫。何とかなる！」と、先に安心させてやらねばならぬ。

そして「死地」では、四《し》の五《ご》の言わず戦うしかない。全軍挙げて〝死にモノ狂いのパワー〟を全開させるしか、生き残れる道はない。

とにかく絶対にあきらめるな。あきらめたら、文字どおり「そこ」で終わりじゃ。その地で全滅じゃ。

まさしく、全軍が心を一つにせんと、いかん。全員の心が「ここを切り抜けて、生き延びるんだ」という〝一つの大目標〟に向かい結束せんと、いかん。

……で、ここで「心を一つにする」という点から、話を広げるがの。

全軍が心を一つにすれば強くなる。となれば、じゃ。逆もまた真なり。すなわち、敵軍の心をバラバラにしてやれば、敵は弱くなり、脆《もろ》くなる。

古来、名将と謳《うた》われた者は、この真理をよく心得ておった。それで、敵軍が一致団結せず心がバラバラになるように、色々と仕向けたものじゃ。

まずは、戦場の前方と後方に敵軍を分断させ、互いが互いを手助け出来ないようにする。戦場に散らばった敵の各部隊を孤立させて、主力部隊に応援してもらえぬようにする。

そうすると、焦《あせ》り出した敵兵たちは、部隊長の指揮を信じられなくなる。自然、上と下の心が離れていく。

もともとが、軍の上層部とは身分の高い者で、兵たちは徴兵された一般庶民じゃ。ふだんは「同じ釜のメシ」を食っている仲ではない。軍の〝上と下〟に、友情だの忠誠心だのと〝損得抜きの心のつながり〟など、そうそうあるものではない。

したがって、いったん信頼感を失ったら、モゥそれで関係はガタガタになる。部隊内部でも心がバラバラとなり、兵たちが「自分だけでも助かりたい」と、勝手な行動を取り出す。

こうして敵軍は〝軍としての統率力〟を失って、「烏合《うごう》の衆《しゅう》」と化すのじゃ。まともな軍事行動など取れなくなり、ジリジリと「敗北」という名の〝奈落《ならく》の底〟

へ、勝手に落ちていってくれるのじゃ。

敵の状況をここまで落ち込ませれば、後はラクなものでの。地形や天候その他の条件でこちらが大いに有利な時にだけ、攻めればよい。それで十分じゃ。こちらが少しでも不利に見えたら、アッサリと退《ひ》いて構わん。そうした〝余裕ある戦い〟をしても、自然とこちらに勝利が転がり込んでくる。

――と、歴代のトップクラスの名将となると、こうやって戦いを大いに有利に、かつ楽に進めるものなのじゃ。

なに？「敵軍の結束がメチャクチャ強くて、まず『分断させる』こと自体が出来そうになかったら、どうするのか？」じゃと。

ふんッ。無論それも、織り込み済みじゃわ。

正面からの戦いばかりでは、どうにもこれを分断させたくともさせられない――といった場合じゃ。そんな時にも、手はある。

戦場に集結している我が全軍のほうを、あえて分けるのじゃ。そして、その一部を、主戦場から離れた別の地へ、向かわせる。

どこへ行かせるのか。

敵にとって「現在の戦場の次に重要となる拠点」じゃ。つまりは、敵が「取られたら〝後で〟困る」といった地じゃ。そこを、その別動隊に攻めさせるのじゃ。すると、それを知った敵は「そちらも放ってはおけない」とばかりに、泣く泣く軍を分断し、一部をその地の守りに回す。これで、結果として「敵軍の分断」という状況に追い込めるわけじゃ。

——と、こうした手をうまく駆使して敵を分かち、それからじょじょに敵の心をバラバラにするよう仕向けていく、という寸法よ。どうじゃ。解ったか。

マァ、いずれにしろ戦いというのは、士気やチーム・ワークといった〝メンタル面〟で考えても、速《すみ》やかに、淀みなく進めていくのが肝要での。将が、戦いのさなかにアレコレ悩んでグズグズしていては、兵たちにまでダラけた空気が伝染してしまう。

今述べた別動隊派遣などの〝敵の意表を突くミッション〟というのも、とにかくスピーディでなければ、話にならん。チンタラやっておっては、先手を取ったつもりの謀りごとも途中でバレバレになって、敵に対応策を講じる暇を与えてしまうからな。

心を一致団結させることが強くなる道

ところで、この「九地」の中にあって、たいていの者がもっとも不安に感ずる戦場は、やはり「重地」であろうと思う。

なにしろ敵国の領内に深く侵入してしまうのじゃからな。前に控える敵軍は、当然のこと補給に困らず、幾らでも兵力を繰り出してくる。後方を振り向いても、いるのは敵国人ばかり。我が軍に協力してくれる地元民など存在せぬ。

先ほど「『重地』では盗め」と教えた。が、そんなことをすれば、相手の敵国人から憎しみを買うのは必然じゃ。ことに女子供から怨みや憎悪の目で見られるのは、嫌ァなものじゃぞ。「背に腹は換えられぬ」とは言え、結構これは〝キツい〟ぞ。

我が軍の兵たちは、まさしく「孤立無援」の境涯になっておることをヒシヒシと実感する。不安で胸がいっぱいになる。実質面でもメンタル面でも「重地」の戦いが苦しくなるのは、誰の目にも明らかであろう。

だがのぉ、じつは「重地」の戦いとは、たいていの者が思ったほどには〝不利な戦い〟とは、ならないのじゃ。むしろ、意外なほど勝てるパターンというのが多い。

というのも、まず「重地」の戦いは、敵軍にとっても別な意味で〝不利な戦場〟

となるからじゃ。

ちょっと考えてみれば、すぐ気づくことじゃがの。「重地」という戦場は、敵にとっては「散地」じゃ。わしは先ほど何と教えたかな？　『散地』では戦うな」と教えたろう。

敵軍の兵たちは、戦いで故郷を傷つけたくない一心から、意外なほど戦意が鈍り、弱くなるのじゃ。その点こちらは〝お構い無し〟じゃからの。戦場をどれだけ荒そうと「実質こちらの損害にならぬ」といった〝強み〟がある。

したがって、じつは「重地」の戦いは、無理矢理に短期決戦に持ち込まなくともよい。戦いが長引いたら長引いたで、敵国内に損害を与え続けられる。もちろん、これはベストの戦い方とは言えぬ。が、敵にダメージを与えられるという点で、マァOKとしておける。

この場合、こちらの補給も〝現地調達〟じゃからな。つまり「盗み」をせねばならんわけじゃが、そのためには、敵国の豊かな地域から盗むことを心がけよ。

要するに、農家でも商家でも敵国人の〝カネ持ち〟を狙うのよ。これなら、一度の調達で十分な補給となる。兵たちに何度も「調達の苦労」を掛けさせずに済むし、シッカリ食わせてやれる。

それに、貧しい者から盗むよりは、ずっと「良心の呵責《かしゃく》」が軽く済んで、気がラクじゃろう。

それに「重地」では、兵が勇敢になるものなのじゃ。ふだんより〝強く〟なるものなのじゃ。

何故《なぜ》か。これまた、ちょっと考えれば解るがの。「重地」は、深く侵攻すればするほど「死地」となるからよ。

周りは敵だらけじゃ。敵を倒さぬ限りどこへも行けぬ。深い「重地」とは、そういった戦場じゃ。逃げたくとも逃げられぬ所なのじゃ。

そこまで追いつめられると、兵たちも覚悟を決める。不安にも〝臨界点〟というのが、あっての。それを通り越すと、人の心理とは開き直れるものなのじゃ。「出来なくても、やるしかない!」と、気持ちが一八〇度ひっくり返るのじゃ。

こうなると、強い。文字どおり必死になって戦う。全軍が「生き延びたい一心」で一致団結する。

だから、勝てる。

ギリギリまで追いつめられて出来上がった一致団結の心とは、本当に固いものである。兵も上層部も申し合わせたように、自ら進んで「正しい行動」を的確に判断し、行っていくようになるのじゃ。

正しい行動、すなわち「勝てる確率をより高くする、チーム・ワークの取れた軍事行動」じゃ。

将がハッパを掛けずとも兵たち自らが、逃げようなどとせず、勇敢に突き進んでくれる。将がイチイチ頼まずとも、期待どおりに戦ってくれる。将がクドクド戦況を説かずとも、命令を信じてくれる。殊更《ことさら》に言わずとも、忠誠を尽くしてくれる。

この時、将には、絶対に忘れてはならぬ留意点が一つある。占い師の吉凶占いや予言の類《たぐい》を、あえて封じておくことじゃ。

ふだんなら、良き占いは色々と参考になるものじゃがの。信頼できる占い師が「退くほうが吉」と占えば、それは退くこともあろう。

だが、深き「重地」、すなわち「死地」にあっては、占いがどう出ようと、進むしかないのじゃ。占いを参考にして選ぶ〝選択肢〟というものが、そもそも存在せぬ。万が一にも「進むのは凶」と出てしまっては、せっかくの兵たちの戦意に水を差すばかりで、何のメリットも生まぬ。

だったら、初めから占いはせぬほうがよっぽどマシ、というわけじゃ。

いっそのこと、将が「占いや予言など関係ないわ！」との〝暴言〟を吐いてしまうくらいのほうが、よい。「俺たちの強さは、どんな悪い運命さえ吹き飛ばせる！」と、な。こうして全軍にハッパを掛けて、兵たちの士気をよりヒート・アップさせるほうが、得策じゃ。

ここまで来れば、軍の中には、財産を惜しむ者もなければ、命を惜しむ者もなくなる。だが、財も命も、誰も〝要《い》らなくて捨てる〟わけではない。「惜しんでいては気持ちが鈍って勝てなくなる」と、誰もが、その悲壮な現実をはっきりと自覚するからじゃ。「捨てる覚悟があればこそ、拾える」と解るからじゃ。

そして、いよいよ決戦という時になって後込《しりご》みする兵は、一人もいなくなる。誰もが「死地」に向かって心を馳《は》せ、気持ちが最高潮に高ぶって涙をあふれさすほどになる。座っている兵の涙はその衿《えり》を濡らし、横になっている兵の涙はあごを濡らすほど流れ出よう。

それほどに、追いつめられ覚悟を決めた人間のテンションというのは、高く激しくなるものじゃ。それが〝強さに直結する〟のじゃ。

ここまで完璧に覚悟が決まって心が一つになった軍というのは、たとえるなら「率然」のようなものじゃ。

ここでわしの言う「率然」とは、恐ろしい毒へビみたいな存在のことでの。コイツは、頭をつつけば、たちまち尻尾の毒で反撃してくるし、尻尾を押さえてやれば、たちまち頭を振り向けて噛みついてくる。胴を捕まえようとすると、頭と尻尾の両方で襲ってくる。すなわち、どこをつついても、即座に別の部分から反撃してくる。

まさに、どの部隊を攻撃されても即座に別部隊がフォローして敵を叩ける〝完璧な結束〟を果たした軍と、同じじゃろう。

なに？「そこまで自軍を追いつめることが、正しいのか？」じゃと。

何を甘っチョロいことを言うておるか。正しい。決まっておろう。

戦争にあって「正しいかどうか」とは、ズバリ「勝てるかどうか」で決まるのじゃ。そして、追いつめられることで軍が強くなり、勝てるならば、それこそ「正しい導き」というものじゃろう。

かつて「呉《ご》」の国と「越《えつ》」の国がずっと敵対する宿敵どうしだったのは、知っておろう。そんな両国の者どうしでさえ、たまたま一緒に乗った舟が転覆しそうになれば、協力して舟を守ろうとする。まるで一人の人間の左右の腕の如《ごと》くにピッタリと息が合って、舟を支える。

それほどに極限まで追いつめられた人間とは、互いに助け合い、強くなれる。そうせんと自分が生き残れんからの。是《ぜ》も非《ひ》もない。

軍を本当に強くしたければ、戦車を何台揃えようと、強い馬を何頭戦車につなごうと、戦車をどれだけガッシリ造ろうと、それだけでは足りぬ。兵力を決めるのは、物だけではない。数だけではない。

兵の心を勇敢にし、全軍の心を一つにする。それが軍を強くする道じゃ。それは無論、簡単な道ではない。将の工夫・将の深い思惑《おもわく》に則《のっと》った指揮によって、軍をそのように〝育てて〟いくのじゃ。

すなわち、じゃ。軍が真に強くなるためには、じつは「追いつめられる」のではない。「自らで自らを追いつめる」のじゃ。そのためにこそ「九地」の教えを、生かさねばならぬ。

まるで皆が手をつないだかのように一致団結し、一糸乱れぬチーム・ワークをもって戦う軍。互いを信頼し合い、絶体絶命のピンチにあっても怯《ひる》まぬ軍。

自軍がそうなるためには、すなわち「そうならねば生き残れぬ」といったギリギリの境遇に飛び込むことだと、知るがよい。自ら進んで「死地」へ赴く覚悟が要ると、知るがよい。

初めは処女の如く、始まれば脱兎の如し

だがな、将たる者は、そうしたギリギリの状況にあってもなお、独りクールでなければならぬ。兵たちがどれほどテンションを上げて威勢がよくなっておっても、将一人は確実に、冷静沈着でなければならぬ。

そして、むやみやたらと周囲の者に〝相談〟してはならぬ。目の前の戦局のこと以外の情報を、兵たちに伝えてはならぬ。

ましてや、戦いの悩みや心配のタネを周囲に愚痴るなど、もっての外《ほか》じゃ。

兵たちは〝今・目の前の戦い〟だけに精いっぱいなのじゃ。精いっぱいでなければ、ならんのじゃ。そこへ持ってきて、先々の不安を与えたり、戦場から離れた所の情報を伝えて心揺らしたりして、何のメリットがあるか。

将は、独りで悩み、独りで考え抜き、独りで最良の道を見出さねばならぬ。そして、たった一つ「これ」と決めたことだけを、兵たちに命ずるのじゃ。

この〝孤独〟と〝プレッシャー〟に耐えられぬならば、将の資格はない。兵たちはギリギリの死地で戦うのじゃ。将もまた、ギリギリにまで自分の心を追いつめ、独りでその責任を果たさねばならぬ。

そうした意味で、良き将の資格の一つとして、「他人に自分の考えを悟られない」ことが、挙げられよう。「何を考えているのか解らない」と周りの者に思われるようでなければ、名将とは呼べぬ。

あぁ、誤解するでないぞ。これは「ただの〝変わったヤツ〟になれ」という意味では、ない。

要するに、並の者には解らぬ深い考えを、独り心の中で常に練っていること。そして、並の者でもすぐ解る〝上っ面《つら》だけの意味しかない〟ような命令など、得意気になって下したりせぬ――ということじゃ。

名将は、命令がワン・パターンになって兵たちに「またかよ」などとナメられることは、絶対にせぬ。陣を張る場所一つにしても色々と考えをめぐらし、進軍するにしても、後々の戦局を読んで、あえて遠回りのルートを選ぶことさえある。

兵たちは、わざわざの遠回りをいぶかしむであろう。だが、そのルートがいつの日か自軍にメリットをもたらすと、将だけが気づいているのじゃ。

さらに、名将のクールさとは、時によっては〝冷酷〟でさえあらねばならぬ。兵たちの勇気をマックスに呼び起こさせるためには、あえて冷酷に振る舞ったほうがよい場合も、あるのじゃ。あたかも、兵たちを高い樹に登らせて梯子《はしご》を外してしまうかのように。大河を渡った後で乗ってきた舟を焼いてしまうかのように。兵たちのナベ釜を取り上げて、これを叩き壊してしまうかのように。

要するに、「もう絶対に後に退けぬ」といった〝本物のピンチ〟に、自軍の兵を追いつめるのじゃ。「もはや勝つ以外には、一カケラも生き延びる可能性はないぞ」と、兵たちに心底から思い知らせるのじゃ。そこまで冷酷に振る舞うのじゃ。

こうすることで、全軍が死にモノ狂いとなる。羊飼いの命令一下どこへでも進む羊の大群のごとく、全軍挙げて将の命令に絶対服従となり、一丸となって敵に当たる。

……と、ここで勘違いしてはいかんぞ。

羊飼いは、羊を殺すために羊を操《あやつ》るのではない。育てるために操るのじゃ。これは、兵が将の命令を「勝って生き延びるための命令」と信じられればこそ、の話じやぞ。

「死地」にあって犠牲がやたら増えるだけの無謀な命令を下す将など、クールだの何だの以前の、まるで〝論外〟の存在じゃ。そんな将は、誰よりもイの一番に「死地」でパニックに陥った〝哀れなヒステリー男〟に過ぎぬ。

それこそ、前の第十章のレクチャーで述べたように、「兵が勝手に敗走しても兵を責められぬ」といった〝愚かな負け戦〟を強《し》いる大バカ者じゃ。

要するに、じゃ。兵たちにこう言われれば、名将なのじゃ。すなわち、

「あの人は何を考えているのか解らない。解らないけれど信用できる」

——と、な。

そして、な。いよいよ「泣いても笑っても、これで最後」という最終決戦を目前に控えたなら、名将たる者、兵たちに〝気前が良くなる〟ことが肝要じゃ。ふだんならオイソレとやれないような豪勢な褒美《ほうび》を、ケチケチせず兵たちに与えてやれ。どうせ「死ねばパー」になるものじゃがの。こうした大盤振る舞いをしてやることで、兵たちの士気がより高まり、覚悟もより強くなる。

兵たちは、きっとこう言う。「ここまでしてもらったら、もはや心残りなし」と。そして、命の最後の灯火《ともしび》が尽きるまで忠義を尽くしてくれ、勇敢に戦ってくれる。

これとは逆に、な。万が一にも、この期《ご》に及んで逃げたがる兵がいたら……。それから、「どうせ死ぬんだ」とばかりに自暴自棄に陥って、わめき散らす兵がいたら……。

こいつらは絶対に許すな！　徹底的に取り締まれ。首を刎《は》ねて、よろしい！　それほどまでに臆病風に吹かれた軟弱な兵など、軍に害としかならぬ。周囲の兵たちの士気を落としめる。兵たちの迷惑にしかならぬ。

兵たちは、そんな者を哀れむどころか、憎々しげに舌打ちして、そいつらをにらむであろう。こんなのを放っておくのは、覚悟を決めた兵たちに失礼じゃ。兵たちのため、全軍のため、じゃ。情状酌量《しやくりよう》の余地はない。

こうすれば、全軍の結束はより固くなる。事ここに至ったら、あとは行動あるのみじゃ。兵たちは、これから始まる戦いの厳しさ・大切さを、重々承知しておる。ベラベラと訓辞を垂れる必要などない。口先だけの演説など、将たる者、してはいかん。

よくおるんじゃ。戦いの中、ここ一番の局面でクダらぬ演説をしたがる将が。当人は、兵たちを鼓舞する〝良いコト〟をやっておるつもりかも知れんがの。じつは、当人が、好き勝手に偉ぶって〝自分に酔っている〟だけの話じゃ。幼稚な自己満足よ。要らぬどころか、大迷惑じゃ。

将が兵たちに述べるべきは、ただ一つ。具体的にこれから何を為すか。それだけじゃ。

「勇敢になれ」だの「君たちは国の誇りだ」だのと〝中身のない美辞麗句〟は、何の意味もない。兵たちの燃える心に却《かえ》って〝水を差す〟だけじゃぞ。

そして、ミッションを兵たちに説明する場合には、くれぐれも注意せよ。そのミッションの利点・良いところだけを説明するのじゃ。

こうすればこんなふうに成功する、と。

これが〝勝てるミッション〟なのだ、と。

そこだけを強調するのじゃ。

物事何でも裏表がある。有利な点と不利な点が、ある。どんなミッションにも、失敗の可能性はあるし、成功するにせよ犠牲は付きモノじゃ。

だが、ただでさえムチャクチャ厳しい「死地」での決戦じゃ。不利な点を殊更に並べたて、知りたくもないことを殊更に知らせて、兵たちに何のプラスがあるか。ギリギリの「死地」の戦いで、もっとも大切なのは、兵たちの士気じゃ。戦意じゃ。やる気じゃ。精神力じゃ。

それを鈍らせる話など、将が一言半句も口にすることではない。

こうして、準備万端整えて、敵との決戦に挑め。さすれば、きっと勝てる。「全滅の確率九〇パーセント」の中にあって、きっと「確率一〇パーセントの勝利」を拾い上げられる。

そこまで軍を導けて、初めて「真の名将」と呼べる。

将が、敵を知り、おのれを知り、地の利を知って、兵たちが、覚悟を決め、一丸となった時。その時、我が軍は千里の遠くまで遠征しても、きっと勝てるのじゃ。

これぞ兵法の本懐じゃ。

……と、それでじゃな。

マァ、この章はここでだいたい終わりじゃが、ウッカリ者に誤解されると困るから、あらためて最後にまとめておくぞ。

「敵国内での最終決戦」というギリギリの状況。戦争に臨むにあたっては、もちろん〝そこに至る覚悟〟を持っていなければいかん。……いかんのじゃが……。

しかし〝現実の戦争〟においては、そこに至る前に決着がつけられたほうが、よい。すなわち、「最後の最後に頑張ればいいんだろう」とばかりに、戦争の前半に手を抜くようなことがわずかでもあっては絶対にいかん。——と、そういうことじゃ。

戦争は、開戦が決まった瞬間に、まず目いっぱいの緊張感を持たねばならん。

戦争が始まる。そうと決まったら、ただちに国境を封鎖せよ。関所の門を固く閉ざして、国中に流布《るふ》している通行手形を皆折ってしまえ。敵国の使節は、出入りを禁じよ。こうして情報の漏洩《ろうえい》を、徹底的に防ぐのじゃ。

一方で、敵の情報を何としても集めよ。それを軍議で十分に吟味せよ。

そして、戦場に向けて軍を出発させるタイミングを、絶対に誤るな。出発したら速やかに軍を進め、淀みなく進軍スケジュールをこなして、無理なく無駄なく戦場に到着せよ。

そうして、戦場の諸条件にもっとも適した戦いをせよ。

戦いの真髄とは、初めは処女の如く、始まれば脱兎《だっと》の如し。始まる前には、処女の臆病さにも通ずるほどに〝慎重〟であれ。始まったら、恐ろしいケダモノに襲われて逃げ出すウサギにも通ずるほどの〝迅速さ〟を持て。

――と、そういうことじゃ。

エェ……。というわけで、最後の話は、これまでのレクチャーの総浚《そうざら》いの観もあったがの。

今回はやや長かったたな。クタビれた顔をしとる者も、チラホラ見えるぞ。こらこら。アクビなどしては、いかん。わしに失礼じゃ。グッと呑み込め。

とにかく、これで第十一章は終わりじゃ。

戦場における兵の心理。

結束した軍の強さの意味。

よく解ったであろう。

ふだんの暮らしにおいても通ずる、深い教えじゃ。

人は、何を為すにしても、それを為す場所から受ける心的影響というものが、ある。

やり易い所。やりにくい所。仕事のはかどる所。なかなか気分の乗れない所……。

まさに「九地」じゃ。したがって、物事を楽しくペース良く進めたければ、そうした〝場所についての考慮〟も、忘れてはならぬ。よく参考とするが、よい。

そして、その為すことが仲間と進める仕事ならば、いかにしてチーム・ワークを結束して、これまた楽しく無駄なく進めるべきか。

互いに互いの心理を解り合うべく、よく考えよ。ことに、リーダーたる者は、自分のすべきことを熟慮せよ。

皆に気持ちよく仕事をやってもらうために、どう振る舞い、何を伝えるか。伝えぬか。

いやァ……。本当にわしの兵法は、人生に役に立つのぉ。

休憩時間⑩

日本の武士と「孫子の兵法」(その3)

武田信玄の有名な旗印「風林火山」の名コピーは、『孫子』の原文から採ったものです。これは、第七章「軍争」篇にあります。

「其《そ》の疾《はや》きこと風の如《ごと》く、其の徐《しずか》なること林の如く、侵掠《しんりゃく》すること火の如く、動かざること山の如く、知り難《がた》きこと陰の如く、動くこと雷震の如し」

これで解《わか》るように、じつは原文では、軍隊の理想的な動きのたとえとして「風・林・火・山・陰・雷」の六つを挙げているのです。後ろの二つは、「敵に気づかれないこと陰(闇)の如く、攻める激しさは雷鳴の震えの如し」という意味です。信玄としては、「風林火山」の四文字のほうが〝語呂が良い〟ので、後の二つを略したのかも知れません。

ところで、あの有名な信玄の旗印の文字を書いたのは、快川《かいせん》という禅僧です。彼は、信玄のアドバイザー役として武田家に雇われ、信玄に『孫子』その他の学問を教授しました。

この例のように、じつは江戸時代初期頃までの武将というのは、あまり学問・教養のないのが一般的で、彼らに雇われていたインテリの禅僧などが、兵法を武将たちに教えていたのです。

第十二章

火攻

目標を明確にし、慎重に行うべき戦法

このたびのわしのレクチャーも章を重ね重ねて、第十一章まで漕ぎ着けたのぉ。残りも、いよいよ二章分となった。

さて、この章では、火を使った戦略「火攻《かこう》」について、色々と具体的に教えてやろう。

戦争のオーソドックスなスタイルとは、もちろん「戦場で武器を携《たずさ》えた兵士どうしが直接わたり合うこと」じゃな。だが、火は、兵士一人ひとりが個別に用いる武器ではない。

すなわち「火攻め」とは、戦法としてイレギュラーなものなのじゃ。弓と剣こそが兵の〝ふだんに用いる道具〟なのであり、火は、格別のものなのじゃ。用いずに済ませられるなら、それに越したことはない。いよいよもって「これしかない！」となった時に用いる。いわば「最後の手段」なのじゃ。

まずは、この点をよくわきまえよ。

では何故《なぜ》、火攻めは〝ふだんの戦い〟では避けるべきなのか。コストが掛かるからか。ノー。技術的に難しいからか。ノー。リスクが大きく、自軍に犠牲が出易《やす》いからか。ノー。

火というのは、燃える物さえあれば、簡単に点《つ》くし、幾らでも勝手に広がっていく。コストも掛からず、簡単で、しかも近づきさえせねば、こちらに大きな危険はない。じつにお手軽で、かつ、効果のある戦法なのじゃ。

ところが、コイツには、とんでもないネックがある。

効果がデカすぎるのじゃ。あとで収拾がつかなくなるくらいに。戦争をそれで終えられたとしても、終わった後が大変なんじゃ。

どういうことか。「火攻め」には、どんな結末が待っているのか。

では、順次に説明していくぞ。

そもそも「火攻め」とは「敵地を燃やすこと」じゃ。こちらの兵士が敵の領内に侵入して、火を点ける。この場合「敵の何を燃やすのか」の点において、五つのバリエーションに分けられる。

一に、人を燃やす。

すなわち、敵国民とその財産を燃やす。民間人の住む町や村、民家や、軍事施設ではない建物に、火を掛ける戦法じゃ。

二に、積を燃やす。

すなわち、敵の陣内へ忍び込み、そこに積み上げられている軍事物資を燃やす。まとめて置かれている武器や兵糧に火を掛け、これを一挙に灰にしてしまう。

三に、輜《し》を燃やす。

すなわち、敵の荷車を燃やす。敵の輸送部隊を襲い、運搬中の武器や兵糧を燃やしてしまう。

四に、庫《こ》を燃やす。

すなわち、敵国内の倉庫を襲い、これに火を掛ける。戦地へ送るはずの補給品を、倉庫から運び出す前に全て灰にしてやるのじゃ。

そして五に、隊を燃やす。

敵部隊を直接、火攻めとする。敵部隊がひそむ森に火を掛けるなどして、敵を火の海に沈めるわけじゃ。敵は、火の海から脱出できなければ、皆黒コゲになって全滅じゃ。

——と、以上の五つが「火攻め」のバリエーションじゃ。これをして「五火《ごか》の変」と呼ぶ。

「火攻め」を行う際は必ず、この五つのいずれなのか、はっきり認識したうえで行わねばならぬ。すなわち、何を燃やすのか、明確な目標を定めて行わねばならぬ。

言い換えるなら、目標の物以外を燃やしてはいかんのじゃ。くれぐれも、それを肝《きも》に銘じておくことじゃ。

「何でもかんでも燃やしてしまえ」とか「とりあえず火を点けちまえば、あとは野となれ山となれ、だ」とか、そんな大ざっぱな考えで火を用いては、絶対にいかん。火は、ちょっとの油断で、想像を絶するほどに速く、はるか遠くにまで広がっていく。点けた当人にさえ手がつけられなくなる。

燃やしてはいかん物まで、燃やしてしまう。

殺さずとも済んだはずの者まで、焼き殺してしまう。

無益な犠牲を出すことは、およそ良き将のやることではない。良き軍のやる戦いではない。

戦争は、殺し合いであり、奪い合いじゃ。勝利のため本国の利益のため、必要とあれば敵兵を何万殺そうと、それは正しい。しかし、じゃ。「殺さずとも勝てるのに殺す」のは、誤りじゃ。「燃やさずとも勝てるのに燃やす」のは、罪じゃ。

「火攻め」は、よくよくの覚悟をもって慎重に行わねばならぬ。とっさの思いつきでやるような戦法ではない。発作的にこれを行うなど、もっての外《ほか》じゃ。

したがって、「火攻め」に使う道具、すなわち火打ち石や火ダネ用の藁《わら》などは、むしろ開戦当初から準備万端に整えておけ。その道具を常に持ち歩き、「火攻め」をいつも意識し続けることじゃ。そうやって、「火攻め」についてジックリ考えるクセを、ふだんから心がけておけ。

また、「火攻め」を着実に行うには、自然がもたらすチャンスというのが、ある。そのタイミングを逃さぬことじゃ。

「火攻め」とは本来、いよいよ切羽詰《せつぱ》まった局面になって初めて用いる戦法。となれば、やる以上は失敗は許されぬ。いったん火を点けたからには、確実に目標物を燃やさねば困る。中途半端なところで火が弱まって、ブスブスと情けなく消えてしまった……なんて〝マの抜けた結果〟は、ご免被《こうむ》りたいからの。

すなわち、晴天で空気がカラカラに乾燥している時を、選ばねばならん。

「火攻め」と「水攻め」の違い

「火攻め」は、まずは自軍の部隊が、敵の領内・陣地に近づいて待機する。そして、火を掛ける兵士が忍び込んでいって、目標物に火を掛ける。

部隊は外から様子を窺《うかが》い、敵陣に火の手が上がったと見えたら、即座に突撃せよ。敵を、「内からは燃やされ、外からは襲われ」といった〝両面攻撃の目〟に遭わすのじゃ。

おのれの陣や建物から火が出れば、誰でもあわてる。アタフタし出す。「火を消さねば」と、大騒ぎになる。まともな迎撃なんぞ、出来ようはずがない。こちらは俄然有利じゃろう。一気に勝負に出て、よろしい。

ということは、じゃ。敵陣内から火の手が上がったと見えたのに、敵が妙にシーンとしていたら、これはおかしかろう。不自然じゃ。

あるいは、こちらの「火攻め」の謀《はか》りごとがばれたのかも知れぬ。忍び込んだ兵士がミスったのかも知れぬ。見えているその火は、じつは「こちらを誘い出す罠」かも知れぬ。

実際、そういうことがあるんじゃよ。そういう可能性がある限りは、いきなり突っ込むのは愚かじゃ。待機部隊は、しばらく事の成り行きを見守るに如《し》くはない。

そうして、敵陣内がじょじょに騒ぎ出し、やはり「行ける！」と判断できたら、その機を逃さず攻撃に入れ。だが、敵陣に動揺が全く見られない場合は「ミッション失敗」と考えざるを得ぬ。あきらめ切れんであろうが、そこをグッと我慢して、あきらめよ。退け。

マァ、このように、敵陣内に「火攻め」を仕掛けるのは、じつは失敗する可能性も小さくないんじゃがの。忍び込んで火を掛けるに至るまでのプロセスが、なかなかに苦心惨憺《さんたん》モノでの。

先ほど「火攻めは、やるからには失敗が許されぬ」と、わしは言うたな。が、なかなかどうして、百パーセントの成功率とまでは望めぬものじゃ。

もっとも、「火攻め」の目標が町や村とか平原を進む輸送部隊とか、要するに「敵陣内でない所」ならば、成功する率はかなり高くなる。

また、敵陣内を狙うにしても、火矢を射て届くほどに部隊が近づけるなら、これまた成功率はグッと上がる。タイミングなどあまり神経質にならずに、決行できる。

とは言え、火矢で目標物をピン・ポイントに燃やすのは、かなり至難の業《わざ》じゃ。

あまりお勧めは出来んな。

燃やさんでよいものまで燃やし、何もかも灰にするのは、「火攻め」の本道ではない。味方の側はもちろん敵に対しても〝無駄な犠牲〟を強《し》いる〝無差別攻撃〟は、良き将なら決してやらぬことじゃ。

ああ、それから、な。当たり前のことじゃが、「火攻め」に乗じて攻撃を仕掛ける時は、決して風下からは攻めるなよ。風に煽《あお》られた火が、こちらに来てしまうからの。風は、昼間あまりに激しい日だと、夜になって止むものじゃからな。そのへんのことも、決行時間の参考とするが、よい。

とにもかくにも、「火攻め」は「五火の変」をしっかりと頭に叩き込んで、狙いをクッキリと定める。その任にあたる者は、最後まで責任をもって火を管理する。無益な延焼を決して生じさせぬよう、くれぐれも気をつけねばならぬ。

ついでに教えておくとな。「火攻め」と同様、自然のエネルギーを利用する戦法として、あと「水攻め」があるな。

こちらのほうは、「火攻め」より手間が掛かる。河の流れを変え、その水の流れをもって、敵の進撃を阻《はば》む。あるいは、敵陣近くまで水を引き、敵陣を水浸しにしたり、水で囲って孤立無援とさせる。——などじゃ。

マァ、戦場で〝土木工事〟をやらねばならんわけじゃからの。手間も時間も掛かるのは、しかたがない。

「火攻め」と「水攻め」は、効果の現れ方が対照的じゃ。

「火攻め」は、アッという間に敵を窮地に陥《おとしい》れられる。しかし、狙い定めた敵の一部だけを潰す戦法であり、本来は敵軍全てに大ダメージを与える類《たぐい》の戦法ではない。

「水攻め」は、一気呵成《かせい》に敵を叩くスピーディさは、ない。ミッション遂行には手間が掛かるし、ジワジワと効果が出てくる類の戦法じゃ。しかし、敵軍全体に幅広くダメージを与えられる強力さが、ある。

「水攻め」は、敵軍の移動をジャマしてやるのが効果の本質じゃ。逆に言えば、敵国の生命・財産を〝この世から消し去ってしまう〟といった暴力性は、ないわけじゃ。

国の大事でなければ、戦わず

戦争とは、あくまで「勝って利益を得る」ことが目的なのじゃから、勝った後でも利益がなければ、その勝利には何の意味もない。敵国を焦土と化し、敵国領土の田畑を灰にしてしまっては、戦利品として得るべき財が、パーになってしまう。敵国民を無差別に大量抹殺してしまっては、勝った後でこれを人材として活用できなくなってしまう。

「火攻め」は、一つ間違うと、そうした愚かしい結果を招きかねんのじゃ。火には、何もかも灰にしてこの世から消し去ってしまう〝壮絶な暴力的パワー〟が、あるからの。

無思慮な「火攻め」が敵国を燃やし尽くしてしまうと、その年は、まず間違いなく凶作となる。そんな領土、手に入れても何の価値もなかろう。

さらに、じゃ。敵国民を飢えで苦しませ、買いたくない怨みを買ってしまう。戦後の占領政策が全くうまく行かず、頓挫《とんざ》するのが目に見えておる。

こうしたバカげた事態をして「費留《ひりゅう》」と呼ぶのじゃ。「国のカネをひたすら費やして、敵国に軍を留《とど》まらせて、それでありながら、見合った利益がまるで上げられない」といった状態のことじゃ。

苦労して戦い、多くの兵を死なせ、その挙げ句がコレでは、敵に白旗を揚げさせたとて、とても「勝った」とは言えぬ。

だが世の中、結構高い地位にありながらバカな人間が、意外と存在しているものでの。このように無謀な「火攻め」を用いて敵を焼き尽くしてしまう大バカ者が、時として実際におるから、困る。

およそ、人としてマトモな精神状態ではないの。敵に対する怒りや憎しみから理性が吹っ飛んで、我を忘れた君主や将じゃ。自分の感情の暴走を抑えられない〝下等な脳ミソ〟の人間じゃ。

良き君主は、戦争という国家の大事にあたり、感情の暴走から判断を誤るような真似は、絶対にせぬ。

良き将は、いかな激戦・接戦にあっても理性を失わず、戦いを「国に不利益をもたらすだけの結果」には、絶対に導かぬ。

利の見込みなくば、軍を動かさず。

勝ちの見込みなくば、兵を用いず。

国の大事でなくば、戦わず。

――と、この戒《いまし》めを、良き国のリーダーならば、きっと胸に刻んでおるはずじゃ。

戦いとは、多くの場合、そこに「相手への怒り」がある。「敵への憤り」がある。それを「消し去れ」などとは、わしは言わぬ。

人は、心の生き物、感情の生き物じゃ。それを消すなど、人が人でなくなることじゃ。無理な話じゃ。

だが、心の暴走は、抑えねばならぬ。コントロールできねばならぬ。君主が敵国君主への怒りにまかせて開戦を決めたり、将が敵を憎むあまり強引な攻撃を命じたりなど、決してあってはならぬことじゃ。

利を求めてのみ挑み、利のためにのみ戦え。

国民が納得し、兵が納得できる利が、戦いの果てに見えた時にだけ戦え。

そうでない戦争は、どんな美辞麗句で飾ろうと、バカ者の行いじゃ。

人の心とはのぉ、いつしか〝変われる〟ものなんじゃよ。

どんなに腹立たしい事態に遭遇しようと、それを乗り越えるべく努めれば、そんな自分に自分で納得できる。満足できる。さすれば、怒りは喜びに変えられる。憤りは悦《よろこ》びに変わっていくのじゃ。

しかし、な。この世から〝すっかり失われてしまったもの〟は、変わるも何もない。決して帰らぬ。元通りにならぬ。

灰となった国は、人が暮らしを営む場所に戻らぬ。

死者は、生き返らぬ。

名君と呼ばれ、名将と讃えられる者は、必ずこのことを深く慎み、おのれを戒めておる。

突き詰めていけば、「国を守り栄えさせる道」とは、この心得に尽きるのじゃ。兵法は、このためにこそ、ある。

解《わか》るな。

……と、この章は、こんなところでよかろう。

マァ、「火攻め」のノウハウから〝人生の心得〟に応用点を見出すのは、ちょっと難しいかの。

しかし、何と言うか……。そのエッセンスを取り出して考えてみれば、「ビジネスなどで敵対関係にある者に打ち勝つ手だて」として、なかなか参考になるぞ。すなわち「相手の懐《ふところ》深くに入り込み、その弱点をピン・ポイントで突く」という策は、相手の動揺を呼び、相手に大きな隙を生じさせる。リスクも大きいが、一発逆転を狙える策じゃ。

狙うべき弱点もまた、「五火の変」になぞらえて色々と分析できよう。相手が個人的に大切にしているもの。失うと立場上困るもの……などなど、な。したがって、人生いよいよ誰かに追いつめられた時など、この「火攻め」の戦法を思い出すが、よい。うまいヒントに導かれるじゃろうて。

それに、この章後半で述べた「君主・将の戒め」は、じつに良い話じゃったろう。怒り・憎しみ・憤りといった〝心のパワー〟は、人を熱くさせ、さまざまに激しい行動へと駆り立てる。だが、その結果が「相手を傷つけただけ・自分を傷つけただけ」となっては、何の意味もない。

そんなバカげた結末を避けるためには、どうすべきか。アタマを冷やして「自分が本当に欲している〝人生の利益〟とは何なのか」を、クールに考えねばならぬ。それが出来る上等な脳ミソを持たねばならぬ。

人生の利益。

それは、人それぞれ、立場それぞれじゃろう。他人の人生に振り回されず、よっく考えるがよいぞ。

休憩時間⑪

世界の歴史と「孫子の兵法」

あの『三国史』でご存知の曹操《そうそう》（155～220）も孔明《こうめい》（181～234）も、『孫子』を学び、戦いに生かしていました。ずっと時代が下って、こんにちの中国の礎を築いた毛沢東《もうたくとう》（1893～1976）も、若き日に『孫子』を学んで、革命を勝利に導いたのです。

ヨーロッパでも、フランス革命より前には『孫子』は翻訳されていたといいます。第一次世界大戦で敗軍の将となったドイツのウィルヘルム二世（1859～1941）が、のちに亡命先のロンドンで初めて『孫子』を読み、悔《くや》しさを込めて次のように語ったことは、有名です。

「20年前にこの書に出会っていれば、あんな惨敗は決してしなかった」

こんにちでも、『アート・オブ・ウォー』の副題を持つ英語版が、イギリスの大学で用いられていますし、現代世界最強の軍事国家・アメリカでも、陸軍士官学校の参考書として『孫子』は採用されています。

この地球上で人類が生き、戦う限り、『孫子』は価値を持ち続ける普遍の書というわけでしょう。

第十三章 用間

スパイを完璧に使いこなす将は国家の宝

ついに、最後の章じゃ。

このたびのレクチャーのフィナーレを飾るテーマは、「用間《ようかん》」。「間」とはすなわち、スパイのこと。戦争を、より有利に推し進めるためのスパイ工作・スパイの用い方について、最後に教えて進ぜよう。

戦争とは、戦場で軍が行うもの。そして戦場に出た軍とは、武器を消費し、装備を消費し、兵糧を消費する。消費する一方で、決して生産はせぬ。すなわち、カネを使う一方の〝カネ喰い虫〟集団なのじゃ。

その軍のカネを支えるのは、国の財政じゃ。国民の税金じゃ。十万レベルの大軍を本国より千里先の戦場へ遠征させるとなれば、国家の倉から捻出すべき戦費は、一日に一千金というベラボウな額になる。戦争のあいだずっと、毎日毎日それだけのカネが、ケムリのように消えていく。

そのカネの出所は当然、国民が納める税金じゃ。戦費を賄《まかな》う特別税を、国民は国に言われるまま出し続けねばならぬ。

こうして戦争中は、どこの家々の中でも、どこの通りでも街角でも、国中いたる所で「カネが要《い》る。カネが要る」と、悲痛な叫びの大合唱となる。

さらには、徴兵されなかった一般国民でも、兵糧や軍備品の輸送業務に駆り出され、コキ使われる。ついには、そうした労役の疲れのあまり、あるいは、日々の食いモノを買うカネさえ無くなって、路傍《ろぼう》に座り込んで動けなくなる者まで出てくる始末じゃ。

事態もそこまで行ってしまうと、ふだんは当たり前に働いていた仕事さえ、出来なくなってしまう。働けなければカネは稼げぬ。ますます困り出す。そんな悪循環にはまり込む一般国民は、数知れず。まこと戦争とは、国民の懐《ふところ》を残酷なまでに

〝直撃〟するイベントなのじゃ。

そんなふうに国と国民を疲弊《ひへい》させながら、戦争が膠着《こうちゃく》状態に陥れば、数年もの月日が空《むな》しく浪費される。その挙げ句、勝負がつくのは、たった一日の戦闘で済んでしまったりする。その〝たった一日〟がなかなかやって来なかったがために、国民は生活をメチャクチャにされる。飢え死に寸前にまで追いつめられる。じつにバカげておる。

したがって戦争とは、始まったからには、一日でも早く勝たねばならぬのじゃ。ただ勝てばよいというものではない。費《つい》やす時を、少しでも短くせねばならぬのじゃ。

そのためには、敵の情勢に合わせた効果的な戦略によって、戦いを段取りよく進めねばならぬ。そして、それを可能たらしめるには、国と軍のリーダーが、敵の情勢を常にリアル・タイムで知っておかねばならぬ。

……というわけで、じゃ。敵の情報を常にキャッチするため、スパイを用いるわけじゃ。

すなわちスパイ工作とは、より早く自軍を勝利へ導き、それだけ国と国民の負担を軽減させるためにも、欠くべからざるものというわけじゃ。

ところが、スパイ工作の成果というのは、戦場での華々しい手柄に比べると、見た目が地味での。それで、この重要性をなかなか実感できぬ軍の上層部が、少なくない。

スパイ工作の経費を出し惜しみして、「スパイに大金を使うくらいなら、その分で戦車を一輌でも多く増やしたほうがいい」などと愚かなセリフを豪語する将さえ、おる。

そうやって、スパイ活動の任にある者に十分な官位も与えてやらず、成果に見合った褒美《ほうび》も取らせてやらず、スパイにつぎ込むカネを万事にケチケチする。そんな君主や将は、却《かえ》って戦いを長引かせ、ベラボウな無駄ガネを使い、国民の苦しみを無意味に膨れ上がらせるだけの大マヌケなのじゃ。

わしに言わせれば、スパイがもたらす情報の価値を解《わか》らぬリーダーとは、下の者に対する〝本当の思いやり〟を持たぬリーダーじゃ。君主の資格なく、将の資格なく、政《まつりごと》に携《たずさ》わる資格なく、勝利者となる資格がない。

名君と呼ばれ、名将と呼ばれる者が、そう呼ばれるだけのことがあるのは、敵の情報をまず求め、それを得るからじゃ。それを得ようと努めるからじゃ。

では、敵の情報は、どうやって手にするか。

情報は、祖先の霊を祭り祈って、お告げいただけるものではない。火にあぶった亀の甲羅のヒビ割れ具合で知ったり、竹棒の束をジャラジャラ鳴らして手に入ったりするものでもない。天の星を仰いで読めたりするものでもない。すなわち、占いの類《たぐい》の〝神秘のパワー〟を頼って得られるものではない。

真の情報をもたらしてくれるのは、他でもない〝人の地道な努力〟なのじゃ。スパイのひたむきな働きなのじゃ。したがって、スパイの必要性を真に理解し、これを的確に用いる者こそが、名君と呼ばれ、名将と呼ばれるのじゃ。

さて、一口に「スパイ」と言っても、これには五種類ある。すなわち、「郷間《ごうかん》」「内間《ないかん》」「反間《はんかん》」、そして「死間《しかん》」「生間《せいかん》」じゃ。

それぞれは、与えられた使命によって、その働きのタイプが違っておる。

ああ、スパイをして「間」と呼ぶのは、冒頭で言うておいたな。今更ながら念のため。

スパイ活動は、何しろ隠密を旨《むね》とする。敵に知られずに行うこと。これが絶対必要であり、大原則じゃ。なにしろスパイは兵士ではない。敵にバレてしまえば、アッサリ捕らえられてしまう。

したがってスパイを用いるには、この五タイプを適材適所に使い分けるのはもちろんのこと、「こちらがスパイを用いている」という事実を敵にいっさい気取《けど》られぬことが、肝要じゃ。

さらにレベルの高いスパイ起用を心得とる将になると、敵に対しては言うまでもなく、味方にさえ、自軍のスパイ活動を気取られぬようにする。知っているのは将ばかり、というわけよ。

さらにさらに、その上を行く起用となると、な。なんとスパイ当人でさえ、その事実を知らされぬ。すなわち、将の命令をこなしながらも、それが「スパイ活動の一環」だとは、当人も気づいておらぬわけじゃ。

「自分は、将の命令どおり動いている。だが聞かされているのは、やるべき内容だけで、それが何の目的で、どんな成果につながるのかは、教えてもらっていない。自分の仕事が最終的に誰に伝わり、何のためになるのか、いっさい知らされていいない」

――と、スパイ当人がこんな状態のまま働き、それで結果として求めるべき情報がちゃんと将に届く、という寸法よ。

ここまでスパイを〝完璧〟に使いこなせれば、もはやこれは「神業《かみわざ》」の域と評してやっても、よかろう。実際には、それほどの将となると、なかなかおらぬものでな。まさに「国家の宝」と言えよう。

何故《なぜ》スパイ活動とは、そこまで徹底して秘密とする必要が、あるのか。

さっき言うたの。スパイはバレたら最後、アッサリ捕らえられるものじゃと。それを避けるためには、徹底してスパイの存在を秘するしかないわけじゃ。

そして秘密とは、知っている人間がいればいるほど、露見してしまう可能性が高くなる。たとえ味方からであっても、何かの拍子で秘密が敵に伝わってしまう可能性は、決してゼロではない。スパイの存在がどこからバレるか、あらゆる可能性を考えれば、それを知っている人間が少ないほど安全なのじゃ。

さらに、じゃ。それでもスパイが敵に捕らわれた場合、そのスパイがこちらの情報を敵に漏らすことも、有り得る。

拷問によるものか。買収されたものか。捕らえられたスパイがこちらを裏切る結果になることまで、事前に想定しておく。となれば、そのスパイに必要以上のこちらの情報を持たさぬほうがよいと、こういう結論になるわけじゃ。

勝利のためには、罪を背負う覚悟がいる

……と、まずはスパイの本質について説いたところで、ではいよいよ、スパイの五種類について順次説明していってやろう。

まずは「郷間」。

「郷間」とは、戦地の地元住民をスパイとして雇った者じゃ。すなわち、現地で臨時調達する人材じゃな。

地元住民は地の利を心得ておるから、敵の陣地をコッソリ偵察できる意外なスポットなどを、よく知っておる。それに、なにしろ本来は、敵にとっても「戦いの相手ではない第三者」じゃろう。敵陣に近づいて気づかれても、さして警戒されぬというメリットがある。捕らえられる可能性が低くて便利な存在なのじゃ。

次に、「内間」。

「内間」とは、敵国の内部の者。すなわち、敵国の役人や政治家を裏から買収して、こちらのスパイとした者じゃ。

どんな国にも役場にも、周りに認めてもらえず、常日ごろ不満のくすぶっている者が、おる。「俺のことを解ってくれるヤツが、ここにはいない」と、心の底でずっとイライラしている者が、たいていおる。こういった人間を見つけ出し、買収するわけじゃ。

このテの者は、敵国でもらっておる給料にも、「俺の実力に見合っていない」と不満に思っておるからな。多少高額のギャラを与えてやれば、意外なほど喜んで、敵国を裏切ってくれる。そして、こちらが高く評価し続けてやりさえすれば、再び敵国に寝返る心配は、そう要らぬ。

「内間」は、「まず敵領内にスパイを潜り込ませる」という初めの手間が省《はぶ》けるからの。ギャラに予算を費やしたとて、トータルで考えると〝お得〟なものなのじゃ。

わしは、こうした「内間」を用いるのを〝汚い手〟とは、決して思わぬの。

誰しも、自分の実力を発揮する場を欲するのは当然じゃし、自分を評価してくれる相手にこそ、尽くし甲斐があるというものじゃろう。「故国」だの「先祖代々の恩」だのの〝シガラミ〟に縛られて「虐《しいた》げられている今の立場に我慢すること」が、人として正しい選択だとは、わしは思わぬ。

そして、「反間」じゃ。

「反間」とは、この「内間」の意義を推し進めた存在とも、言える。

すなわち、敵のスパイを買収して、そのままこちらに寝返らせたものじゃ。こちらに潜入している敵スパイを見つけ出したら、これを「反間」とするのじゃ。

スパイは、「捕らえられたら最期」というのが、宿命。即刻首を刎《は》ねられても文句の言えぬ立場じゃし、一端《いっぱし》のスパイならば、そう覚悟しておる。それを助けてやって、あらためてこちらで雇ってやろうと言うのじゃから、これはじつに〝慈悲深い処置〟じゃろう。

無論、そのスパイのおかげで、自軍が損害を被《こうむ》っておることもあろう。そ奴に盗み出されたこちらの情報が敵を利したことも、あったろう。だが、だからと言って、怒りに任せて有無も言わさず斬り捨てては、いかん。そんなのは、二流の将のやることじゃ。

そこは、「もう済んだこと」と怒りをグッと腹に納めるのじゃ。そして〝これからの勝利〟のために、その者を「反間」とする。その〝我慢〟の出来る者が、名将なのじゃ。

四つめ、「死間」じゃ。

「死間」とは、スパイ活動の中でもきわめてデンジャラスな、それこそ「死を確実に覚悟する」くらいの任に当たる者を、指す。

どんな任務なのか。これは、敵側に忍び込んでから〝自ら正体を明かす〟のじゃ。「自分は、じつは向こう側のスパイです」と〝自己申告〟するのじゃ。

何故、そんなことをするのか。敵に「反間」として雇ってもらうためよ。そして、こちらの情報を敵へリークする。

——と、これが、その任務じゃ。

ふふ……。そう怪訝《けげん》そうな顔をするでない。もちろん、これには裏がある。

敵にリークする情報は、こちらが敵を欺《あざむ》くためのニセ情報なのじゃ。敵は、その情報を信じて戦略を建て直すことにより、却って不利になる。——と、そういうガセネタを敵に伝え、自軍を勝利に近づけるのが、「死間」の仕事というわけよ。敵が、このガセネタにまんまと乗ってくれて、こちらの思惑《おもわく》どおりに振り回されてくれれば、こちらは指一本動かさずに敵軍を窮地に陥れることさえ、出来る。「死間」は、成功すれば数万の敵を倒すに匹敵するくらいの大手柄となる。

ただし、成功率は厳しい。

敵にこちらのスパイと知らせたとたん、首を刎ねられるかも知れぬ。無事に「反間」として雇われても、やがて敵が「ガセネタをつかまされた」と気づけば、百パーセント確実に処刑される。その時までに敵軍内から脱出できているかどうか、何の保証もない。まさに、これほど「死と隣り合わせ」の任務もあるまい。

それだけに、却って「やり甲斐がある」と意気に感ずるスパイも、いるがの。そういった者は、敵の前で〝一世一代の大芝居〟を打つわけじゃ。

そしての……。

どうあっても「死間」を用いたいのにその任に当たれる者がおらぬ場合は、まず将が〝大芝居〟を打つことになる。

すなわち、雇っている通常のスパイを〝騙《だま》す〟のじゃ。こいつを、当人に解らせぬまま「死間」に仕立ててしまうのじゃ。

ふつうに雇っておるスパイに、当人にはそれと知らせずニセ情報を持たせて、敵陣に放つ。そのスパイは、雇い主の将から告げられた情報がガセネタだとは、夢にも思わぬじゃろう。

身も蓋《ふた》もなく言ってしまえば、将が我が部下を騙すわけじゃ。「お前に、我が軍の重要な機密を教えておく」と、さも〝信頼している振り〟をして、その者のアタマに嘘八百の情報を入れてやるのじゃ。

そして、敵がそのスパイの潜入に気づくよう、わざと裏から敵に伝えておく。敵が、そのスパイを捕らえて「反間」として雇えば、しめたものよ。そのスパイが持っていったニセ情報に踊らされて、自ら敗北の道を歩んでくれるじゃろう。

「死間」となったスパイは、持たされた情報が正しいものだと、信じておるからの。それだけに、敵の前でその情報を話す態度にも、自然とリアリティが出る。当人は〝嘘をついている〟つもりは、これッぽっちもないわけじゃから。

そしてやはり、このスパイは最終的に殺されよう。状況的に見殺しにせざるを得ぬ。その者は、主《あるじ》に騙され、利用され、見捨てられるわけじゃ。きっと、死ぬ瞬間まで怨み骨髄《こつずい》じゃろう。

正直、この手は成功してもあまり良い気分は、せぬ。敵に殺される前に何とか助け出せて、「じつはお前を『死間』として使ったのだ」と打ち明けられれば、まだ良心の呵責《かしゃく》が幾分は軽くなるがの。そいつは、難しい。将は、時として非情にならねば、いかん。勝利のためには〝罪を背負う覚悟〟がなければ、いかん。将とは辛《つら》いものじゃ。

最後に、五つめの「生間」。

この者の使命は、文字どおり「死間」の逆じゃ。「生きて帰ってくること」を最優先使命とするスパイじゃ。

どういうことか。「生間」は、将のもとに戻り、直接に敵情調査の報告をする〝最終段階の任〟を与えられたスパイなのじゃ。

スパイ工作というのは、時として数人のスパイがチームを組んで行う場合も、ある。また、敵陣の奥深くまで潜入した者から、敵陣のすぐそばに待機する者へ。さらに、そこから自軍へ駆け戻る者へ……と、得た情報をリレー形式で運ぶ場合も、ある。

こうした場合、とにかく最後の最後まで生き残って自軍に戻る者が、最低一人は必要なわけじゃ。これをして「生間」と呼ぶ。

「生間」は、いかなるアクシデントに見舞われても絶対にあきらめず、それこそドロ水をすすってでも生き延びて戻らねば、ならぬ。強靭《きょうじん》な体力と、それ以上の精神力が備わっておらねばならぬ。かなりの人材でないと、勤まらぬ。

……と、これがスパイの五タイプじゃ。

解るじゃろう。

戦局を大きく変える重要ポイントに携わる者として、スパイほど将と相通じる者は、ない。不利な戦局が大逆転できた時、スパイほど貢献大きく、褒賞を受けるに価《あたい》する者は、ない。それでいて、スパイほど、その存在を人に知られず目立たぬ者は、ない。

知恵にあふれ、万事に読みの深い立派な将でなければ、スパイを使いこなせぬ。私利私欲を捨ててひたすら国のために戦う将でなければ、非情となってスパイを用いる覚悟を、持てぬ。人の心の機微が解る細やかな将でなければ、スパイ工作を効果的に生かせぬ。

スパイの役目とは、じつに繊細《せんさい》にして、鋭くあらねばならぬ。大軍を擁したとて容易に突けぬ敵の急所を突き、敵の秘した重要ポイントをえぐり出す。まこと、スパイの活躍なくして〝素早く勝利を収める〟など、有り得ぬことなのじゃ。

調べるべきは、まず「人」である

ところで、先ほど「『死間』を用いるには、将は非情とならねばならぬ」と教えたが、これとはまた別のシチュエーションで、将が非情に徹せねばならぬ時が、ある。

それは、スパイを放つ前に、そのスパイ工作の計画が周りに知られてしまった時じゃ。自軍の末端の兵士たちの噂になっておったり、地元住民たちが知っておったり……と、そんな「知るはずのない者たちに知られた」という事態の発覚が、ままあるのじゃ。

これは、放つはずだったスパイが、軽率にも誰かに計画を漏らしたのか。あるいは、敵のスパイに、マンマと計画を盗み知られたのか。いずれにしろ、そのままにはしておけぬ。放っておいては、時を待たずに、こちらの計画が敵に筒抜けとなってしまう。

事態がこうなってしまったからには、全てを白紙に戻さねばならぬ。それには、どうするか。

放つ予定だったスパイの者。知るはずのない計画を知っていた者。全て殺せ！闇から闇へ葬れ！

……さすがに、皆〝引いて〟おるな。

無理もない。酷《むご》すぎる処置と、言いたいのじゃろう。

だが、しかたがないのじゃ。こうした時、どこからどう計画が漏れてしまったのか、探り出すのは難しい。グズグズしておっては、これをきっかけに次から次へと、こちらの機密が敵に伝わってしまうかも知れぬ。そうなったら、大敗。どれほどの犠牲が出るか解らぬ。

この〝状況のリセット〟は、まさに緊急を要するのじゃ。「知ったからには死んでもらう」と、手はこれしかない。

それほどに、スパイ工作とは、失敗の許されぬことなのじゃ。くれぐれも心得よ。

そして、スパイは、まず初めに何を調べるべきか。これはな、人じゃ。

戦争とはすべからく〝人の行い〟じゃ。それに携わり、それを動かし、その趨勢《すうせい》を決めるのは全て、人なのじゃ。「戦う相手〝その人〟とは、誰か」。まずは、この答を知ることから始まる。戦いは、そこから始める。

敵軍を討ちたければ、敵の城を落としたければ、敵の将を射たければ、まずは、そこに携わる人物について洗い出せ。

敵にあって戦いを仕切っている者。その側近たち。その伝令役の者。そのガードをしている者。さらには、城の門番。デスク・ワークの担当者から雑役の人間まで……。敵のありとあらゆる人物について、知れば知るほどに、こちらを有利とするヒントが見つかる。

倒すべき相手。取り込めそうな相手。利用できる相手。ジャマな相手。そういった人の見分けが、つく。

名前から素性から、敵の人物のあらゆる〝個人情報〟を、集めるのじゃ。それがスパイの「まず為すべき使命」なのじゃ。

ところで、スパイの五タイプのうちで、将がもっともその獲得と活用に心をくだくべきは、どれか。これは「反間」じゃな。

こちらがスパイを用いる以上は、敵もまた同様じゃろう。であるからには、将たる者、「我が陣営にも敵スパイが潜り込んでいるだろう」と常に心を配り、陣内に〝アンテナを張り巡らして〟おく必要がある。すなわち「敵スパイを探るスパイ」を、自軍の陣内に置いておくのじゃ。

そして見事、敵スパイを見つけ出し、これを捕らえられたら、チャンスと思え。その者をこちらに寝返らせて「反間」とするため、将はありとあらゆる手を尽くせ。

この時、「おぬしのスパイ能力は素晴らしい」とおだてたり、「今度は我が軍で力を発揮せぬか」と誘ったり……と、色々甘い言葉を並べるのもよい。……よいが、言葉だけでこちらを信用させるのは難しい。ここは一つ、ストレートにカネで釣って、よい。

命の保障はもちろん、十分な報酬を約束してやれ。将自ら会ってやって、直接に「反間」となってくれることを頼め。快適な宿舎もあてがってやって、その者の〝安住の地〟を我が陣内にこしらえてやるのじゃ。

こうして、新たに「反間」を獲得できれば、その者から敵の情報が入手できる。さらには、未《いま》だこちらが知り得ぬ戦地のさまざまな情報も、その者の口から聞き出せるかも知れぬ。

それらの情報によって、良き「郷間」や「内間」を新たに雇うツテが、見つかるかも知れぬ。我が「死間」の仕事が、やり易《やす》くなるかも知れぬ。我が「生間」が無事に戻れるタイミングとルートを、確保できるかも知れぬ。

このように「反間」は、他のスパイたちの成否まで左右する重要なキー・パーソンになることが、多いのじゃ。

将たる者、スパイの五タイプは、すべからく〝我が手ゴマ〟として使いこなせねばならぬ。が、中でもとりわけ「反間」は、これの確保に努めねばならぬ。その候補を見出したなら、十分に厚遇してやって、何としても我が「反間」とせよ。

優れた「反間」は、独りで天下の趨勢を左右するほどの働きを見せる。それは、歴史が証明しておる。

我が中国大陸は遠き昔より、支配を成し遂げた王朝が、幾つも入れ替わってきた。かつて「殷《いん》」王朝が、その前の「夏《か》」王朝を滅ぼして建国を果たした時、スパイとして「殷」を勝利に導き、その建国を助けたのは、もと「夏」の人間であった。「伊尹《いいん》」という名の男じゃ。

さらに、その「殷」も後年に滅ぼされ、新たな大陸の支配者が生まれた。それが「周《しゅう》」王朝じゃが、この時の戦いで大活躍を見せたスパイが、もと「殷」の人間であった「呂尚《りよしょう》」じゃ。

「伊尹」も「呂尚」も、それぞれに、新たに仕えた王朝では高い地位に就《つ》いておる。ちなみに「呂尚」のほうは、別名を「太公望《たいこうぼう》」とも言ったな。「殷」時代には隠居して釣りばっかりやっておったと、聞くがの。スカウトされて新たな君主に仕え、その新君主の後継者に、見事、天下を取らせたのじゃ。

優れた「反間」を手ゴマと出来るのは、優れた君主、優れた将だけじゃ。そして、優れた「反間」を使いこなせた者だけが、犠牲少なくして大きな勝利を得られる。それだけ多くの国民を幸せに導ける。

戦争におけるスパイの大切さ。これで、よく解ったじゃろう。軍が生きるも死ぬも、スパイの働き如何《いかん》に関わるということが、決して少なくないのじゃ。

……と、この章は、ここまでじゃ。これで教えるべきことは教え尽くしたかの。やれやれ。全十三章、ようやく全部語ったの。

我が兵法のレクチャー、これにて全巻のおしまいじゃ。我ながらよく語ったものよ。皆も、最後までよく聞いておったの。誉めてやるぞ。

この最終章の教えをふだんの生活・人間関係に生かすとするなら、まずは、「何事も情報から」といった〝心構え〟を持つことから始めるが、よい。

情報は、どのようにして得るべきか。さまざまな入手ルートがあろう。だが、やはり、もっともリアルな情報は、人から教わり、人から学ぶものじゃ。

リアルな体験談。体験から得られたダイレクトな実感。そういった〝血の通った情報〟こそ、真に役立ち、真に我が仕事の助けとなる。相手の語り口一つからも、状況の逼迫《ひっぱく》具合とか深刻さとか、文書資料などではピンと来ぬような〝関係者の息づかい〟まで、感じられたりする。

知りたいことは、人に聞け。

そのためには、「知りたいことを教えてくれる人」が誰なのか、的確に見抜く眼力が必要じゃ。その眼力を持つ者こそ、名君・名将に通ずる。

物事、何を為すにしても、自分の思い込みだけで突っ走ると、当人の気づかぬところで無駄をやり、他人の反感を買ったりする。そうした事態を避けるために、人の言葉・人の教えに積極的に耳を傾ける姿勢が、大切なのじゃ。

自分に情報を与えてくれる人。

知りたいことを教えてくれる人。

そうした人材を一人でも多く周囲に持てる者が、大きな仕事を手際《てぎわ》よく仕上げられる。

たとえば、仕事先でその土地のことを教えてくれる人は「郷間」に通ずる。引の組織やグループにいて、そこから参考になるネタを提供してくれる人は、「内間」に通ずる。

仕事相手などに、なかなか言いにくいこちらの事情をうまく伝えてくれる人などは、「死間」に通ずる。大事な情報を確実に届けてくれる人は、「生間」に通ずる。

よくよくおのれの周りを見渡して、そうした人材に恵まれているかどうか、確かめてみるがよい。

マァ、日ごろ行いの良い者なら、そうした協力者は自然と現れてくれるものよ。

したがって、もしおらなかったら、自分は〝名将に通じぬ人間〟なのだと反省し、自分の至らぬところを、よくよく見つめ直すがよい。

以上じゃ。

（一同拍手。孫子退場）

【後口上】

孫子先生、ありがとうございました。

長時間にわたるレクチャーではありましたが、その長さを感じさせないほどに、中身が濃く、そして解り易くて面白いお話でございました。さすがは二千五百年もの長きにわたり、人類の教えとして伝えられてきた「孫子の兵法」です。私も、あらためて感動させていただきました。

また、皆様もお疲れさまでした。

先ほどの休憩時間中に、壇上の袖《そで》で、孫子先生より「ここの聴講生は皆真面目によく聞くので、語り甲斐がある」とのお言葉を、いただきました。私どもスタッフからも、皆様の熱心な学ぶご姿勢には、感謝申しております。

なお、本日のレクチャーは、後に『世界一わかりやすい「孫子の兵法」』のタイトルでＰＨＰ文庫としてまとめたものが、発行の運びとなります。どうぞ、そちらもよろしくお願い申します。

では、どうか皆様。いつの間にやら夜も更けて参りました。お気をつけてお帰りください。当公会堂前からの駅行きのバスは、あと二十分ほどで出ます。

本日のＭＣは、私、長尾でございました。

本日はまことに、ありがとうございました。


（了）

本書は、書き下ろし作品です。

著者紹介
長尾　剛（ながお　たけし）
東京生まれ。東洋大学大学院修了。ノンフィクション作家。
主な著書として、『漱石ゴシップ』（文春文庫）、『あなたの知らない漱石こぼれ話』『早わかり日本文学』（以上、日本実業出版社）、『日本がわかる思想入門』（新潮ＯＨ！文庫）、『知のサムライたち』（光文社）、『手にとるように「おくのほそ道」がわかる本』『手にとるようにユング心理学がわかる本』（以上、かんき出版）、『大塩平八郎　構造改革に玉砕した男』（ベストセラーズ）、『幕末・明治匠たちの挑戦』（実業之日本社）、『新釈「五輪書」』『話し言葉で読める「方丈記」』『30ポイントで読み解く「禅の思想」』『話し言葉で読める「西郷南洲翁遺訓」』『話し言葉で読める「蘭学事始」』（以上、ＰＨＰ文庫）などがある。

ＰＨＰ文庫　孫子が話す
世界一わかりやすい「孫子の兵法」

2007年5月21日　第１版第１刷

著者　長尾　剛
発行者　江口克彦
発行所　ＰＨＰ研究所
東京本部　〒102-8331　千代田区三番町３番地10
文庫出版部　☎03-3239-6259（編集）
普及一部　☎03-3239-6233（販売）
京都本部　〒601-8411　京都市南区西九条北ノ内町11
PHP INTERFACE　http://www.php.co.jp/

組版　朝日メディアインターナショナル株式会社

印刷所　共同印刷株式会社
製本所　株式会社大進堂

ISBN978-4-569-66832-1